KB066448

영알못이 알려주는
엄마표 영어 공부법

## 영알못이 알려주는 엄마표 영어 공부법

**초판 1쇄** 2022년 05월 30일

**지은이** 이현주 | **펴낸이** 송영화 | **펴낸곳** 굿위즈덤 | **총괄** 임종익

**등록** 제 2020-000123호 | **주소** 서울시 마포구 양화로 133 서교타워 711호

**전화** 02) 322-7803 | **팩스** 02) 6007-1845 | **이메일** gwbooks@hanmail.net

© 이현주, 굿위즈덤 2022, *Printed in Korea*.

**ISBN** 979-11-92259-19-2  03590 | 값 15,000원

영알못이 알려주는

# 엄마표
# 영어 공부법

이현주 지음

듣기 말하기
읽기 쓰기를
한 번에 해결하는
8법칙

엄마와 아이가 함께 성장하는 미라클 영어

굿위즈덤

## 프롤로그

"학교 마치고 집에 도착할 때쯤이면, 엄마가 문 앞에 나와 나를 반겨주었으면 좋겠어요."

초등학교 1학년이던 나의 소원이었다. 많은 걸 바란 것이 아니었다. 나의 소원은 오로지 엄마가 나를 반겨주는 것, 그것 하나였다. 엄마와 함께하는 시간을 원했다. 부모로부터 받는 사랑, 물질로는 채워질 수 없는 사랑 말이다. 초등학교 1학년부터 지겹도록 사교육을 했지만 나의 성적은 좋지 않았다. 올라가는 것이 아닌 유지였다. 갑자기 어느 순간, 목표가 생겼다. 중학교 때, 수학 선생님이 너무 좋아졌다. 그래서 칭찬받고 싶어 열심히 공부했고, 중학교 3학년 때 드디어 아웃풋이 나오기 시작했다. 기말고사에서 만점! 노트 필기에서 1점이 감점되었지만 총 99점을 받은 것이다. 그때 깨달았다. 목표가 있다면 무엇이든 할 수 있다는 것을! 하지만 그 후 나의 목표는 더 이상 없었다. 더 이상 나의 가슴을 뜨겁게 하는 일이 없었다.

그렇게 나의 미래를 향한 목표 없는 한국에서의 10대. 유학길에 오르고 나서의 새로운 목표들. 유학 시절을 겪으며 또 깨닫게 되었다. 인생의 전환점. 그리고 워킹맘이 되었다. 지금 나의 딸이 매일 출근길 나에게 묻는다.

"엄마, 오늘은 몇 시에 와?"

이건, 내가 어렸을 때, 엄마에게 물었던 말이다. 나는 엄마에게 함께하는 시간과 나와의 소통, 정서적 교감을 원했는데 지금 나의 딸이 그것을 원하고 있다.

### 엄마표 영어는 아이와 함께하는 시간을 선물해준다

시간을 다시 담을 수는 없다. 그 시간은 다시 돌아오지 않는다. 사랑하는 아이와 단 한 번뿐인 시간을 소중하고 가치 있게 보낼 수 있도록 공유하고 싶다. 내가 놓친 시간을 나의 딸에게 대물림하고 싶지 않다. 그리고 내가 너무 늦게 알아버린 소중함!

언어의 힘을 조금 더 일찍 나의 자녀와 여러분에게 알려주고 싶다. 이

것이 우리 인생에 무기가 될 수 있음을 말이다. 나는 영어 하나로 더 넓은 세상을 만났고 아무것도 없었던 나의 인생을 가득 채울 수 있는 지금의 나로 변화시킬 수 있었다.

단순히 엄마, 자녀가 함께하는 시간, 정서적 교감, 내 아이와의 추억만을 위해서 엄마표 영어를 추천하는 것이 아니다. 엄마표 영어를 준비하는 과정에서 다독하고 이를 통해 엄마 자신의 변화되고 있음을 느낄 수 있기 때문이다. 자녀를 향한 끊임없는 알아가기 그리고 이해하기, 기다려주기 등 엄마의 변화되는 과정부터 다독을 통한 폭넓은 지식과 다양하게 쌓이는 노하우들을 경험하게 될 것이다. 엄마표 영어의 가치를 여러분에게 이 책을 통해 나눌 수 있다니 너무 기쁘다. 그 귀한 가치의 나눔이라니!

자녀뿐 아니라 엄마도 성장하는 미라클! 그것이 엄마표 영어이다!

사람은 결국 모두 같다. 없이 시작해서 다 이룬 사람도, 다 가지고 시작했지만 모든 것을 잃은 사람도, 아무것도 모르는 서툰 사람이었지만 지식과 지혜로 가득 차게 된 사람도 결국은 다 똑같은 사람이다. 목표만 있다면 무엇이든 할 수 있다는 것을 담고 싶었다. 의지만 있다면 말이다. 정신일도 하사불성!

기록하고 무엇이든 사진에 담는 습관이 있는 나에게 꿈을 이룰 수 있게 해주신 감사한 분들에게 머리 숙여 고마움을 전한다. 이 책을 출간할 수 있도록 이끌어주신 김태광 대표 코치님, 권동희 대표님께 감사드린다.

천방지축 어디로 튈지 모르는 성격을 쉴 새 없이 돌봐주신 소중한 가족, 친척, 친구, 직장 동료분들 모두에게도 감사드린다.

사랑해. 엄마의 소중한 딸 시은아.

2022년 5월

이현주(Julee)

# CONTENTS

## 2장  엄마표 영어에 대한 오해

## 3장  영어책 읽어주기, 매일 30분만 해보자

## 4장  듣기, 말하기, 읽기, 쓰기 한 번에 해결하는 법

## 1장

# 우리 아이만 영어가 늦어서 불안한가요?

# 01

/

## 아이의 첫 영어 공부는 부모의 믿음에 달려 있다

"우리가 평생 가져야 할 태도가 있다면, 지금 이 순간에 늘 감사하며 살아야 한다는 것이다."

– 랜디 포시

여섯 살 시은이가 알파벳을 띄엄띄엄 쓰더라도, 먼 훗날 남들이 들어가기 어렵다는 해외 아이비리그 대학교를 나와 멋진 커리어를 쌓고 외국인과 자유롭게 소통한다고 하더라도, 지금 하는 엄마표 교육에 대한 내 믿음은 흔들리지 않을 것이다.

엄마표 영어는 조급증을 가지면 실패한다. 이런 사례들은 내 주변이나 다양한 서적을 통해서 얼마든지 볼 수 있다. 과연 아이가 옹알이를 떼고 '엄마'를 외칠 때, '마미'라고 해준다고 해서 그것이 엄마표 영어의 시작이라고 할 수 있는가? 엄마들이 생각하는, 우리 아이에게 필요한 영어 교육의 시작은 언제인가? 영어는 교육일까? 여기서 한마디 하겠다. 영어는 교육이기 전에 언어로 먼저 받아들여야 한다고.

마음의 여유를 가져야 하고 짧은 시간 안에 절대로 습득할 수 없는 언어. 대신 충분한 시간이 필요하며 다양한 노출과 조력자와의 상호작용을 통해 습득하는 언어. 영어를 그렇게 생각하면 엄마도 아이도 행복해질 것이다.


엄마표 영어를 하고자 한다면, 먼저 아이에 대한 존중부터 키워라.

아이를 믿고 존중해주는 엄마가 좋은 선생님을 이긴다. 아이는 그런 부모의 사랑을 받고 성장한다. 아이의 4 Skills 영어 성장 속도는 엄마와의 친밀한 상호작용, 소통, 교감을 통해 기하급수적으로 달라질 것이다. 엄마의 정성이 존중과 비례함을 느껴보길 바란다.


"우리 모두 다 같이 ABC 송을 불러볼게요!"


시은이가 두 살 때 어린이집에서 학부모 초청 오픈 수업을 했다. 워킹맘이었지만 나는 나름 영어영문학과, TESOL 수료 자격증이 있어 자부심이 하늘을 찔렀다. '우리 시은이 오늘은 엄마 기 팍팍 세워 주겠지!' 무슨 근자감으로 이런 생각을 한 것일까. 말 그대로 학부모 초청 오픈 수업인데 나는 왜 이런 생각을 했는지 모르겠다. 원장님과 나름 친하고 자주 연락을 주고받았던 터라 다양한 수업 중 영어 수업이 제일 기대되었다.

"어머님, 내일 시은이 영어 수업 전에는 꼭 오셔야 해요. 시은이가 엄마 오실 거라며 ABC 송 연습 열심히 했어요."
"어머, 원장님! 그래서 저 회사에 미리 양해 구했어요. 늦지 않게 갈게요."

오후 3시, 드디어 유일하게 알고 지내는 서원이 엄마를 만났다. 다른 엄마들은 이미 서로 구면인가 보았다. 삼삼오오 모여 서로 인사를 나눈다. 하원 후, 아이들은 아파트 놀이터에서 따뜻한 햇볕을 쬐며 매일 같이 논다고 한다. 시은이는 아빠, 외할머니 그리고 이모할머니 손을 번갈아 잡으며 놀이터를 향해 몸을 틀지만, 어른들은 시은이를 안고 엘리베이터로 향하기 바쁘다.

"현주야, 오늘은 어떻게 왔네? 시은이 엄청 좋아하겠다. 매일 놀이터에 안 나와서 우리가 시은이 정말 안쓰러워했거든."

"아우, 나도 그래. 시은이가 집에만 오면 놀이터에 가고 싶다고 하니까. 오늘 시은이 기 팍팍 세워주고 싶어. 너무 신난다."

내가 정말 시은이의 기를 세워주고 싶었을까? 아니면 "영어 잘하는 시은이 엄마 여기 있어요!"라고 외치고 싶었을까?

"엄마들 들어오세요."

원장님의 가이드에 따라 우리는 신나게 교실로 들어갔다. 너무 행복했다. 우리 시은이가 엄마가 왔는지 뒤에서 얼굴을 빼꼼 내밀어본다. 시은아, 그래. 엄마 여기 있어. 엄마 오늘은 늦지 않았어. 나름 날씬해 보이고 싶어 블랙 V라인 티에 청바지를 입었단다. 기 살려준다고 했잖니. 시은이를 낳고 찾아온 산후우울증과 불어난 몸으로 인해 자존감은 바닥을 쳤었다. 하지만 다시 사회생활을 하면서 나는 밝아졌다. 시은이의 기다림이 내가 살아가는 이유가 되어버렸다.

"엄마, 너무 행복해요! 엄마가 안 오면 어쩌지? 했어요."

나는 시은이를 꼬옥 안아주었다. 그러곤 다양한 어린이집 활동을 하려고 시은이의 손을 잡으며 방으로 이동했다. 이때까지 나는 앞으로의 일을 상상하지 못했다.

시은이를 언어 천재라고 믿고 있는 나의 믿음. 5~6개월이 지나면서 엄마, 아빠를 말하고 콩순이 유튜브 영어 버전을 보면서 크라이(cry)를 외치며 "울지 마."라고 말했던 우리 시은이. 다만, 8~9개월 영어 단어 카드에 노출될 때, 꽃(flower)을 보고 나는 'flower'라 알려주었고 시은이는 "아니야 nonono 꽃."이라며 말했다. 이때, 나는 아차 싶었다. 그래서 다시 꽃이라 말해주었다. 시은이는 영어 교육을 받을 준비가 되어 있지 않았다.

나는 시은이가 이중언어 중 일부만 받아들일 준비가 되지 않았다고 생각했다. 그래서 기다려주었다. 충분한 인풋(input)을 주기 위해서는 모국어(mother tongue)를 먼저 흡수하게 해야 했다. 아이가 원하는 대로 해주기로 했다.

시은이는 어린이집 모든 활동에서 나의 무릎에 가만히 앉아 있거나 소극적인 모습을 보였다. 너무 속상했다. 원장 선생님 말씀대로라면 시은이는 완벽, 아니 에이스여야 했다. 2월생이어서 반에 가장 먼저 들어왔으므로 터줏대감인 셈이었다.

속상한 내 마음을 원장 선생님이 아셨을까? 집으로 돌아오자마자 전화벨이 울렸다.

"어머니, 시은이 때문에 조금 놀라셨을 거 같아요."

"원장님, 시은이가 엄마랑 함께 있으면 이렇게 의지하는 아이가 아닌데 오늘은 평상시와 조금 달랐어요."

"시은이 어머니, 그건 시은이가 엄마를 너무 사랑해서 그래요! 시은이 눈을 보셨어요? 수업 내내 시은이는 엄마만 향하고 있었어요!"

원장님의 말이 내게 큰 울림으로 다가왔다. 우리가 흔히 생각하는 대화는 언어 습득의 시작이 아니다. 그러니 듣기는 엄마들이 주목해야 할 부분이다. 엄마표 영어를 할 때 제일 먼저, 늘 꾸준히, 무조건 해야 하는 것이 듣기라고 크라센은 강조했다.

엄마표 영어의 시작은 부모의 믿음에 달려 있다. 시은이가 어떠한 결과를 나에게 보여주어도 내가 흔들리지 않고 기다려만 준다면, 시은이는 나에게 그 믿음의 결과를 보여줄 것이다. 나는 믿고 기다려만 주면 되는 것이다. 그 결과들은 다음 장에서 사례들을 통해 소개하겠다.

'나는 지금 아이의 모습보다 앞으로의 가능성을 더 믿는다.'

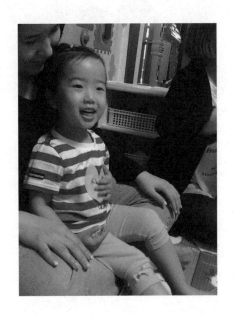

# 02

/

## 어떻게 하면 우리 아이가 영어를 좋아할까?

**'해야 하는 것 vs. 하지 않아도 되는 것'**

이 둘의 차이를 모르는 사람은 없을 것이다. 아이들은 모두 각자 다른 성향을 가지고 있고 다른 환경 속에서 자라고 있다. 어떠한 목표에 있어서 뚜렷한 동기부여가 되지 않는다면 같은 출발점에 있어도 결과는 다를 것이다.

속도, 이에 따른 예상치 못한 변수들이 발생할 텐데 엄마들은 모두가 다 내 아들과 옆집 아들로만 비교한다. 그리고 그 옆집 아들은 그 방법을 통해 잘했으니 우리도 그렇게 해보자며 곧 그 방법을 따라 하려 한다.

과연 이 방법이 옳은 것일까? 내가 어학원에서 학생들을 가르쳤을 때의 일이다. 파닉스 과정을 거친 학생들은 리딩반으로 올라가면 딱 두 분류로 나뉜다. 여전히 같은 순수한 초등학생들, 그리고 의지가 활활 타올라서 상위 클래스로 더 뛰어올라가고 싶은 이글아이 눈동자들. 나는 학생 때 이것을 몰랐다. 그런데 선생이 되어보니 확실히 구분이 됐다. 그들의 자세는 앉아 있는 태도, 그리고 과제를 해오는 부분까지도 사소하게 차이가 났다. 한번은 온라인 학습에서 차이를 느꼈다. 한 아이에게 유난히 리스닝이 부족함을 느껴 나는 리스닝 숙제를 주 1.5배 더 넣어주었다. 그러자 그 친구가 어머니에게 힘듦을 표현하였고 어머니는 바로 상담을 요청하였다.

"Julee쌤, 우리 아이가 너무 힘들어하네요. 숙제가 많은 것 같아요."
"어머니, 이렇게 하지 않으면 본 수업 내용에서 어려움을 조금 느낄 것 같아서 그랬는데요. 그러면 아이가 음악을 평소에 좋아하니 키즈송을 더 내어서 다른 쪽으로 주의를 돌려볼게요. 기존 책으로 내었던 과제보다는 조금 더 재미있어 할 것 같아요."

아이가 좋아하는 음악 콘텐츠로 대체해서 온라인 숙제를 그대로 1.5배 내기로 상담을 마무리했다. 만약, 내가 어머니 말씀에 바로 뜻을 굽혀서 숙제를 덜 내었다면 어떻게 되었을까. 아이는 항상 자기 의지대로 숙제를 줄여달라고 했을 것이다. 레벨업 평가에서 아이는 보기 좋게 반을 올라가게 되었다. 무엇이든지, 노력이다. 그리고 근성이다. 지속적인 노력. 다만, 꾸준하게 노출해주고 가이드가 필요하다. 아이가 싫다고 거부한다 해서 그대로 들어주면 안 된다. 아이에게 부족한 부분을 빠르게 알아채 다른 콘텐츠를 사용해서 노출해야 한다.

아이들 개개인의 성향과 환경에 따라 각자만의 전략과 전술이 있다. 저마다의 방법이 다르니 어떤 것이 정답이라고 단정 지어 말할 수는 없다. 이때, 방법을 모를 경우, 다양한 자료를 찾을 수 있는 인터넷이 있다. 나는 구글 검색을 통해 activity sheet, work sheet 등을 검색해서 다운받아 시은이와 다양한 활동을 했다. 3~4장에서 함께 이야기들을 다루어보겠다.

## 습관의 중요성
### 매일 지겹게 반복했던 ABC 쓰기!

무엇이든 아는 만큼 보이고, 아는 만큼 들리고, 아는 만큼 대화할 수 있다. 그러려면 지속적인 인풋이 있어야 한다. 그런데 모든 것이 하루아침에 쉽게 이루어질 수는 없다. 어렸을 적 나는 늘 한 가지 소박한 소원이 있었다. 학교를 마치고 집에 돌아가면 엄마가 나를 반갑게 맞이해주는 것이었다. 맞벌이 부부셨던 나의 부모님은 방임형 양육 유형에 가까웠다. 하루 세 군데 이상의 학원에 다녀야 했다. 집에 오면 스스로 밥을 먹고 여섯 살 터울이었던 오빠의 밥까지 챙겨야 했다. 그렇지만 정작 하고 싶었던 나의 꿈은 짓밟혔다. 나는 축구선수, 고고학자 등 다양한 꿈이 많은 소녀였다. 중3 때는, 체육 선생님이 소질이 보인다며 부모님께 말씀드려보라고 하였다. 늦었지만 고등학교를 그쪽으로 가보는 건 어떠냐고 물어보셨다. 실은, 초등학교 때 여자 축구부에 들어가 잠시 뛰었던 적이 있었다. 나에게는 너무 설레는 제안이었다. 하지만 나의 설렘과 반대의 결말이 기다리고 있었다. 결국, 일반 인문계로 진학하였고, 어떠한 목표 없이 살아가는 고등학교 시절을 보냈다. 그 고등학교 짧은 1~2학년 시절, 공부 습관을 기를 수 없었다. 어떤 것을 성취하기까지 너무 힘든 과정을 겪어야만 했다. 모든 것을 습관화해야 한다고 깨달았을 때는, 그게 바로 열여덟 살 유학 시절이었다.

필리핀은 ESL(English as Second Language) 환경이다. 칠판에는 온통 필기체투성이다. 한국에서 배워온 ABC는 찾아볼 수가 없다. 숙제를 안 해온 학생은 나뿐이었다. 숙제를 영어로 줄여서 Ass.로 쓰시는 영어 선생님. 아무리 전자수첩에 ass를 검색해도 엉덩이라는 해석뿐이었다. 친구 조멜이 조용히 속삭였다.

"왜 매일 숙제를 안 해오니?"

"뭐? 숙제가 있었어? 왜 난 몰랐지? 숙제는 영어로 Homework 아니니? 그리고 나 궁금한 게 있는데… 왜 영어 선생님은 자꾸 Ass를 저렇게 크게 쓰시는 거야?"

드디어 선생님이 웃으며 Assignment라고 써주신다.

Ass는 Assignment의 줄임말이었다. 바로 숙제 말이다. 나는 그 후, 매일 필기체로 A부터 Z까지 대문자 소문자 쓰는 연습을 시작했고 성경책 시편과 잠언을 필사를 하기 시작했다. 필기체로 말이다. 그 후, 수업 시간에 선생님들의 필기체가 내 눈에 들어오기 시작했다. 노력이 하나씩 빛을 발하기 시작했다. 바로 친구의 한마디로부터 말이다.

"왜 매일 숙제를 안 해오니?"

아무리 재능이 없어도 영어는 언어이기 때문에 언어 감각이 떨어진다고 하여도 근성(GRIT)만 있다면 그리고 노력과 조력자만 함께해준다면 시간이 조금 더 걸릴 뿐 영어를 습득할 수 있다.

나에게는 어떠한 재능도 없다고 생각한 때가 바로 청소년기이다. 이때 나는 노력과 근성 하나로 버텼다. 그리고 습관! 무엇이든 해야 한다고 하는 생각 하나와 매일 루틴화하는 습관으로 영어를 습득할 수 있었다.

"칭찬은 고래를 춤추게 한다."

한번은 아이들과 함께하는 금요일 리딩 클래스 시간의 일이다. 수업 준비는 늘 나를 설레게 한다. 리딩 클래스는 그날 리딩 주제에 맞춰 게임을 준비하는데 주제 또는 소주제에 맞는 워드 게임 자료를 찾고 있었다. 나 역시 수업할 때는 행복하고 흥이 있어야 해서 즐거운 게임 요소를 꼭 준비한다. 이날은 금요일이니 더욱더 신나게 수업해야겠다는 생각으로 아이들을 맞이했다. 그런데 우리 반에 정말 상남자 스타일의 학생이 있는데 그 학생이 울면서 들어온다. 강철 사나이에게 무슨 일이지!

엄마에게 심한 욕설과 함께 나 같은 아들은 필요 없다는 소리를 들었다며 울음을 그치지 않는다. 아이의 자존감이 바닥을 치는 순간이다. 다른 아이들에게 준비된 워드 게임 학습을 주며 하는 시간을 준 뒤 아이와 단둘이 상담 시간을 가졌다. 아이의 말을 들어보니, 생각보다 시험 결과가 좋지 못해 어머니께서 매우 속상하셨던 것 같다. 욕설이 아닌 속상한 마음에 심한 말씀들을 하셨던 것 같은데 아이에게는 세상 무너지는 소리였을 것이다.

엄마들의 조급함이 왜 생기는지는 이해한다. '우리 아이만 뒤처지는 건 아닌지, 똑같은 학교, 똑같은 학원에 다니고 과제도 같은데 무엇이 차이를 만들어내는 걸까?' 하고 고민하신다고 한다. 하지만 우리 아이와 성향과 학습 방법, 속도가 다르며 각각 다른 가정의 환경에서 자라고 있지 않은가. 아이의 자존감도 서로 다를 것이다.

나는 우리 아이에게 칭찬받기 프로젝트를 하자고 제안했다. 영어 실력을 껑충 높게 뛰어올려 칭찬받자고 제안했다. 오늘 준비한 워드 게임을 100점 맞아보자고 말이다!

이날 우리 반은 준비했던 리딩 수업 대신 워드 게임에 모두 집중했고, 모두가 100점을 맞는 행복한 결과를 맞이했다. 물론 숫자가 모두를 만족시킬 수는 없지만, 때론 그 순간 어떤 이에게는 그 무엇보다도 가치가 있는 역할을 해줄 수 있다. 칭찬으로 말이다. 하나의 방법일 뿐이다. 엄마의 조급함으로 인해 결과를 기대하여 과도한 학습을 하게 한다면 아이에게 거부반응을 일으킬 수 있으니 꼭, 아이의 속도에 맞추어주자. 그리고 아이들은 칭찬받으며 영양을 흡수한다. 아낌없이 주자!

## 03

/

## 늦었다고 느낄 때 바로 시작하자

"I can show you the world shining, shimmering, splendid

Tell me, princess, now when did you last let your heart decide?

I can open your eyes

Take you wonder by wonder

Over, sideways and under on a magic carpet ride"

알라딘 OST 중 한 부분이다. 열아홉 살 가을이었다. 곧 있으면 나의 생일이 되어갈 때쯤, 빈스 총(Vince Chong)이라는 친구가 있었다. 실은 이 친구에 대해 잘 알지는 못했는데 알고 보니 필리핀 연예인의 동생이라고 했다. 어쩐지 생긴 게 너무 귀엽고 다른 아이들과는 다르게 유난히도 눈에 띄었다. 빈스의 누나와 매형은 필리핀의 유명한 가수였다. 그래서 콘서트를 한다며 우리에게 티켓을 나누어주었고 나는 친척 동생 기환이 그리고 친구들과 함께 콘서트장으로 향했다. 너무나도 설레었다. 내 친구 중에 연예인 동생도 있구나. 그것도 해외 친구 중에 말이다.

세상 오래 살고 볼 일이었다. 두근거리는 마음으로 도착한 콘서트장. 우리는 2층으로 향했다. 무료 티켓이라 그런지 메인 무대와는 상당히 거리가 있었다. 팝송과 필리핀어인 따갈로그어 노래가 섞여서 무대가 채워졌다. 그중 나의 기억에 남은 노래는 알라딘 OST 노래였다. 너무나도 감미로웠다. 가까이서 듣고 싶었다. 가수와 호흡하며 순간을 즐기고 싶었다. 이때 내가 느낀 한 가지. 1층과 2층의 차이였다. 만약 내가 받은 자리가 2층인 것을 알았더라면, 나는 다시 내려가서 1층 자리를 예매했을 것이다. 내가 기억한 1층은 그렇다. 다양한 음식을 먹을 수 있는 테이블과 서빙이 제공되었으며 자유롭고 편안한 좌석은 정말 누가 봐도 앉고 싶게 만들어져 있었다. 반면 2층은 촘촘하게 자리가 배치되어 집중할 수가 없었다. 왜 티켓을 한 번 더 보지 않았을까 하는 생각이 들었다. 해외에서 관람하는 첫 콘서트. 나의 소중한 첫 경험이 아쉬워 너무 속상했다. 그리고 함께 가준 친척 동생에게도 미안하였다. 어떤 장소에 대해 부러움이 아니라 좋은 환경에서 볼 수 있는데 그렇지 못한 것에 대한 안타까움이었다. 돈이라도 더 가져올 걸 하면서 모든 것이 후회로 가득했다. 이때 나는 깨달았다. 항상 어떤 일을 할 때 준비된 자가 되어야겠다고 말이다. 새로운 경험을 위해서 그렇게 설렘 가득하게 기다렸는데 아무런 준비도 하지 않고 외모만 꾸미고 갔다. 콘서트에 대한 이해와 함께 무대 내용 그리고 배우에 대한 정보라도 알고 갔으면 조금 더 그 시간을 알차게 보냈을 텐데… 이날의 나의 큰 경험으로 앞으로 콘퍼런스, 세미나, 기획전, 콘서트, 강의 등 어떠한 행사에는 먼저 준비하고 참여하는 습관을 지니게 되었다. 정말 큰 교훈이었다.

그렇게 나의 준비성은 시작되었다. MBTI를 하면 나는 ESFJ로 나온다. 매우 부지런하고 구체적으로, 정답처럼, 매뉴얼처럼 사람을 돕는 성향이라고 한다. 정답이 있는 것을 좋아하는 편으로 일정에 맞춰 움직이는 것을 좋아한다. 또한 계획의 달인이고 계획을 세우는 것뿐 아니라 지키면서 희열을 느끼는 편이라고 하는데 정말 MBTI에 관해 확인할수록 아, 내가 그래서 그때 그렇게 충격을 받았구나 하며 다시 나를 받아들이게 되었다. 만약, 내가 나를 조금 더 빨리 알았더라면 소중한 기회를 조금 더 행복하게 보낼 수 있었을 텐데 하며 생각해본다. 여러분에게는 그런 시간이 있지 않았을까?

모든 것에는 적합한 타이밍이 있다. 영어 또한 배움의 타이밍이 있다. 어머니들이 주로 상담에서 물어보는 내용이 이것이다. 초등학교 3학년 자녀를 둔 어머니가 문의하셨다. 다른 아이들은 모두 리딩 클래스인데 왜 아직도 자기 자녀만 파닉스 클래스인지 답답하다고 하시는 것이다. 자녀의 문제인 건지 학원에서 아이를 챙기지 않는 건지 정말 이제는 모르겠다고 하시며 강한 불만을 표출하셨다. 선생인 나로서는 당황스러웠다. 그 아이의 경우, 파닉스 클래스에서 모범생이었고 당연히 다음 학기 리딩 클래스로 올라갈 예정이었다. 다만 이번 학기에 올라가지 못한 이유는, 지난 학기 여행을 다녀와서 장시간 결석이 많았기에 긴 공강으로 인하여 배우지 못한 부분을 채워주려 함이었다. 초등학교 3학년이 파닉스를 배우고 있는 것은 전혀 부끄러운 일이 아님에도 어머니는 마음이 급해 보였다. 어머니의 조급함은 바로 아이에게도 전달된다는 것을 꼭 기억하자. 그날 아이가 나의 눈치를 보고 있는 것을 바로 눈치 챌 수 있었다.

"마이클, 앞에 단어 한번 읽어볼까?"

버벅거리기 시작했다. 목소리가 흔들리고 시선은 책이 아닌 나를 향하고 있었다. 마이클은 잘할 수 있는 아이였다. 그것에 대해 난 믿고 있었고 그 믿음을 어머니에게도 안내해드렸다. 늦었다고 생각하지 않는 것이 중요하다.

나이에 따라 준비해줄 부분이 각기 다르다. 어리면 어릴 때 준비해줘야 할 부분이 있고, 나이가 있다면, 그 나이에 맞추어 준비해주고 신경 써줘야 할 부분이 있다. 엄마표 영어는 해당 부분이 바로 매력적이다. 내 자녀에 맞춰 케어해줄 수 있는 부분 말이다.

아이가 어릴 경우, 너무나도 좋다. 바로 시작하면 된다. 0~3세이면 스펀지처럼 흡수할 것이다. 엄마바라기인 우리 아이들! 엄마 따라쟁이로 손짓, 발짓, 발음 등 모든 것을 따라 할 것이다. 엄마표 영어를 시작하기에 정말 좋은 시간이다. 엄마의 수고가 덜 들어가는 시기라고 볼 수 있다.

4~7세의 경우, 자아가 형성되어 의사 표현을 충분히 하고 영어를 이미 알아듣고 있음을 인지할 수 있는 시기이다. 그러므로 본인이 영어 공부하고 싶다 또는 하기 싫다 등 표현하는 것이 명확하다. 그래서 엄마표 영어 공부할 때 아이의 성향과 관심을 충분히 파악해서 접근하는 것이 중요하다. 이때의 접근 방법에 따라 아이의 습관이 잡히니 정말 초기 접근을 잘해주어야 한다. 독서를 통해 노출하는 것도 좋지만 아이가 미술, 음악, 미디어 등에 관심이 많다면 그쪽으로 노출하는 것도 추천한다. 시은이의 경우, 본격적인 영어 노출은 0세부터 시작하였지만, 언어로 메인 노출은 0세였고 콘텐츠들을 활용한 노출은 3세 이후 활용할 수 있었다. 그리고 이것들은 실제 집에서 요리, 미술 활동, 넷플릭스 등을 많이 활용

해서 노출하였다.

만약 자녀의 나이가 8세 이상이라고 해도 절대 늦지 않았다. 언어는 본인의 의지만 있다면 언제든지 배울 수 있다. 다만 속도의 차이일 뿐이다. 8세의 경우 오히려 문장 구조를 더 쉽게 이해할 수 있는 장점이 있으니 속도가 더 붙을 수 있다. 그리고 실제로 쓰기 부분에서도 더 두각을 나타낼 수도 있다.

그리고 꼭 이것만은 기억하자. 우리 아이들은 엄마의 말을 기억한다.
엄마의 칭찬으로부터 아이들의 자존감은 올라간다. 무엇이든지 첫마디는 공감으로 시작하고 끝마디는 칭찬으로 끝내보도록 하자. 엄마의 말 한마디가 우리 아이의 시작과 끝을 함께할 것이다.

## 04

/

영어, 자신감이 반이다

"다음 시간에는 각자 자신 있는 무대를 준비해보세요. 이걸로 중간고사를 대체할 겁니다."

발등에 불이 떨어졌다. 전공 과목인 드라마와 연극(Drama and Theatre) 수업에서 중간고사를 셰익스피어의 작품 중 하나를 선택해 연기하는 것으로 대체한다는 것이다. 대사를 외우는 것도 모자라 감정을 넣어 연기를 해야 하다니. 그것도 2학년부터 4학년까지 전공 과목을 같이 듣는 학급 친구들 앞에서 말이다. 오, 있을 수 없는 일이 벌어졌다. 나에게는 엄청난 용기가 필요하다. 한국어가 아닌 영어로 연기를 해야 한다. 그것도 같은 학년 친구들 앞에서가 아닌 학년이 다른 영문학과 학생들 앞에서의 연기를 해야 한다. 어떻게 하면 좋을까. 발을 동동 구르기만 할 뿐 아무런 생각이 나지 않는다. 점점 고민은 쌓여오고 우선, 무슨 역할을 할지 고르기부터 해야 했다.

나는 우선, 한국인에게 가장 친숙한 햄릿을 선정했다. 가장 비극적이면서도 감동을 줄 무대를 선정하기로 마음먹었다. 그리고 기존 4대 비극 중 암기해야 할 단어들 난이도가 비교적 어려워 보이지 않았다. 'To be or not to be' 이 부분이 내 목표였다. 복장은 잠옷인 푸(Pooh) 잠옷을 선택했다. 복장 선택은 현대적으로 입었다. 이제 인물 분석이 남았다.

메인 캐릭터 햄릿과 소설에 대한 이해 여부 그리고 연기력, 복장 등 전체적인 장비와 분위기 등이 이번 중간고사의 점수를 높이 받을 수 있는 관건 같았다. 대부분의 독자는 인물 햄릿을 우유부단하다고 해석할 수도 있다. 내가 해석한 햄릿은 조금 달랐다. 햄릿은 더 나은 복수를 준비하는 햄릿으로 우유부단함이 짙어 보이기보다는 비장함에 파묻힌 상황으로 해석했다. 즉, 'To be or not to be' 부분을 우유부단함에 메인을 둔 것이 아닌 비장함으로 분위기를 둔 것이다.

무엇이든 시작이 반이라고 했다. 처음에는 발을 동동 구르며 어떻게 내가 할 수 있을까 하며 떨림과 두려움에 사로잡혀 하루를 망쳐버린 기억이 가득하다. 하지만 막상 시험 준비를 위해 자료조사를 하고 분석을 시작하니 준비가 원활하게 풀려나갔다. 물론 준비하는 과정에서 대사를 암기해야 하고 동선을 짜는 등 여러 가지 에피소드가 있었다. 하지만 그것 또한 하나의 과정이었고 행복했다. 부끄러움 또한 없었겠는가. 그래도 교수님과 학생들 앞에서 성공적으로 마쳤다. 대사를 한마디 한마디 할 때마다 아버지를 잃은 아들의 슬픔에 비장함을 넣어서 던져 울부짖었다. 마치 한국에 가지 못하는 내 마음을 그대로 전달하듯 말이다. 햄릿을 나로 빗대어 표현했다. 생각의 전환이었다. 발음? 신경 쓰지 않았다. 이미 우리는 의사소통이 되고 있었다. 감정과 나의 표정 그리고 손짓, 발짓으로 그들은 나와 소통하고 있었다. 나의 자신감 하나로 그들은 나에게 집중하고 있었다. 그때, 나는 깨달았다. 내가 아무리 틀리게 발음하고 실수해도 문맥상 사람들은 유추할 수 있으며 또 내가 상황을 잘 이끌어가면 진정성은 전달된다는 것을.

미국의 제3대 대통령 토머스 제퍼슨은 정직은 지혜라는 책의 첫 장이라고 말했다. 만약 내가 교수님에게 잘 보이기 위해 수업 시간 배운 내용 그리고 많은 독자가 해석한 대로 햄릿을 연기했다면 어떠했을까? 물론 더 좋은 점수 그리고 일반적으로 더 빠르고 효율적으로 중간고사를 준비할 수 있었을 것이다. 하지만 나는 그 길을 택하지 않았다. 나는 나만의 햄릿에 자신 있었다. 내가 해석한 햄릿 말이다. 나의 과목 점수는 그리

높은 편은 아니었다. 일반적인 점수였다. 아무래도 1점대를 기대했던 내 목표를 생각했을 때 그렇게 받지 못했으니 높은 편이 아니라고 말한 것 같다. 필리핀에서 1점대는 한국에서 100점이다.

중간고사에서의 연극으로 무대 울렁증이 어느 정도 극복되었다고 생각했다. 영어로 사람들 앞에서 연기하는 것 말이다. 영어로 사람들 앞에서 나의 의견을 말하는 것은 어렵지 않았다. 하지만 연기하는 것은 어려운 일이었다. 정말 두 번 다시 하고 싶지 않았다. 그런데 또 재미있는 일이 벌어졌다.

같은 과목 기말고사. 영문학과는 1년에 한 번, '잉글리쉬 위크'(English Week)라는 주가 있다. 그 당시 나는 영문학과 부대표였다. 과 대표는 크리자(Krizza)라는 친구였고 내가 부대표를 운 좋게 맡게 되었다. 정말 솔직히 말하면, 학점을 잘 받고 싶어서 친구가 해보지 않겠냐고 해서 하겠다고 했다. 나는 좋은 점수를 받아 장학금을 받는 것이 목표였기 때문에 무엇이든 해야 했다. 어떤 것도 할 수 있다는 자신감으로 가득 차 있었다. 아, 현재 친구 크리자는 UE 대학교 교수로 일하고 있다. 너무 뿌듯하다. 같은 학교 졸업해서 모교에서 교수로 일하고 있다니 말이다.

하필이면 잉글리쉬 위크에 드라마와 연극 담당인 마틴 교수님이 'You raise me up' 특별공연을 하신다는 것이다. 거기에 백댄서로 우리가 꾸며야 한다고 말이다. 이건 정말 비극이다. 대학교 전교생 앞에서의 무대이다. '살려주세요. 주님.' 울고 싶었다. 전교생을 대상으로 잉글리쉬 위크를 준비하는 것도 솔직히 여력이 없었다. 시간도 부족하였고 과제 제출에 너무나도 정신이 없었다. 거기에 백댄서까지? 그런데 이것을 해야 기말고사 점수를 준다고 하신 것이다. 그런데, 또 아차 하는 생각이 들었다. 정말 찰나였다. '과목이 드라마와 연극이니 해보자.'라는 생각이 든 것이다. 다시 생각을 고쳐먹었다.

어디서 나오는 자신감인지 나는 날아다녔다. 남자들이 여자를 안아서 들어올리는 장면이 있었으니깐. 불쌍한 내 친척 동생…. 나를 안아서 옆으로 이동해야 하는데 그때마다 나보고 숨을 참으라고 자꾸 눈치를 줬다. 그런다고 뭐 살이 없어지겠는가. 더 크게 숨을 쉬었다. 춤추느라 숨이 가빠오는 것을 멈추는 것이 힘들어서 참을 수가 없었다. 너무나도 신나게 무대를 준비했다. 역시 생각을 고치니 모든 것이 재미있고 다 추억이었다.

그렇게 우리는 무대를 성공적으로 마쳤고 교수님도 너무나도 행복해하셨다. 한국인 총 네 명이 해당 무대를 함께했다. 두진 오빠, 유리, 기환 그리고 나 이렇게 말이다. 우리 네 명은 아직도 연락을 이어가고 있다. 소중한 인연들…. 아직도 그때 일을 회상하며 서로 낄낄대며 누가 춤추다 방귀를 뀌었느니, 어쨌느니 하면서 웃고 떠드는 30대를 보내고 있다.

| SEMESTER 2008-2009 | |
| --- | --- |
| Computer Applications (with Presentation Skills) | 1.25 |
| Technical and Research Report Writing | 1.25 |
| Drama and Theatre | 1.50 |
| American Literature | 1.50 |
| Creative Writing | 1.50 |
| Earth Science | 1.00 |

드라마와 연극 성적표

세상에 할 수 있다고 생각하면 하지 못한 일은 없다고 생각한다.

자녀는 부모를 거울삼아 행동하고 자란다. 부모가 먼저 보여주어야 한다. 주변에 한글 띄어쓰기를 못 하는 분이 계셨다. 아이가 성장하여 한글을 알기 시작하는데 고민이 생긴 것이다. 한글 교육을 해줘야 하는데 정작 본인 자신이 띄어 쓰지 못하니 발등에 불이 떨어진 것이다. 그렇게 그 엄마는 학습지로 한글 공부를 시작하고 영어 공부를 시작했다. 나는 정말 그 엄마를 대단하다고 생각했다. 어떤 부모는 사교육을 시키거나 단순히 모른 체할 수 있다. 왜냐하면 그동안 노력하지 않았지 않은가. 그 긴 세월 문자 또는 카카오톡을 보내면서 상대방이 읽기 힘들게 붙여보내 왔던 행동들. 하지만 자녀를 위해 시작한 스스로와의 약속. 너무 대단하지 않은가. 그리고 그 엄마는 자녀에게 한글 교육을 시작하고 책을 읽어주기 시작하였다.

그렇게 그 아이는 유치원에서 반 아이 중 가장 먼저 책 읽는 아이로 성장하게 되었다. 어섯 살에 말이다. 그리고 영어 또한 반 아이 중 가장 먼저 파닉스를 아는 아이로 성장하였다. 엄마의 할 수 있다는 자신감 그리고 자신의 목표! 시작이 벌써 반을 해낸 것이다!

"부의 격차보다 무서운 것은 꿈의 격차다. 불가능해 보이는 목표라 할지라도 그것을 꿈꾸고 상상하는 순간 이미 거기에 다가가 있는 셈이다."
  - 에이브러햄 링컨

# 05

/

## 우리 집 환경부터 바꿔라

따뜻한 햇볕이 내리쬐는 아침! 오랜만에 연차를 쓰고 하루를 온종일 나를 위해 쓰고 싶었다. 때론 그런 하루 있지 않은가! 오로지 여자로 살고 싶은 그런 하루. 이런 날은 따뜻한 아메리카노가 너무나도 생각난다. 몸이 자동으로 향한다. 그럴 때는 바로 스타벅스로 간다. 무심코 앉은 창가 자리. 역시, 그 자리는 명당인가 보다. 주변은 이미 아주머니들로 가득 차 있다. 그리고 그곳은 이미 조용한 분위기와 반대이다.

"어머, 그 애는 오늘도 스피킹 튜터 한다며?"

"그거는 얼마래? 튜터비도 감당 못 하겠다."

"아니 그렇게 해서 말은 한대? 외국인 앞에서 말을 해야 돈이 안 아깝지."

엄마들은 질투 섞인 목소리로 쉴 새 없이 이야기한다. 분명 툭툭 뱉는 목소리 같지만 느낌에는 내 자녀도 그 개인 과외를 함께했으면 하는 속마음을 드러내는 대화임을 알 수 있었다. 그들의 대화 속에서 여러 가지를 유추할 수 있었다. 학교 다니는 아이를 둔 엄마들로 보이며, 이들의 대화는 학원, 선생님 이야기, 영어 캠프, 외국 사립 학교, 어학연수 등 아이들의 교육 문제들로 넘쳐났다. 엄마들의 고민은 온통 영어였다. 우리 아이 영어 실력이 모국어처럼 유창하려면 어떻게 해야 할까? 정말 나는 내 자릴 박차고 나가서 옆에 앉아 말하고 싶었다. 영어 실력이 실제로 자라는 곳은 바로 집 안이라고!

EFL과 ESL의 차이를 명확하게 이해하면 그 이유를 알 수 있다. 필리핀은 ESL 환경이다. English as a Second Language, 즉 제2 언어로서의 영어, 모국어와 함께 영어를 실생활에서 사용하는 것이다. 이와 반대로 대한민국은 EFL 환경이다. English as a Foreign Language, 즉 외국어로서의 영어이다. 영어를 외국어로 사용하는 것이다.

필리핀 유학 시절, 나는 학교에서는 영어를 사용했고 집으로 돌아오면 한국어를 사용했다. 친척 동생과 엄마와 함께 살았기 때문에 실제로 한국에서 사는 생활과 다를 게 없었다. ESL 환경에서 거주하면서 실제로는 EFL 환경에 있던 것이었다. 그래서 리스닝은 빨리 터졌으나 말은 예상외로 천천히 터졌다. 이상했다. 그 누구보다 듣기는 나름 팝송이며 영화 보기며 열심히 한다고 했는데 왜 말은 어려울까? 특히나 나는 그 누구보다 말하기를 좋아하는데…. 혼자서 너무 깊은 고민에 빠져 있었다. 그러나 그 이유를 찾아보니 바로 집에서 사용하는 언어가 문제였다. 바로 모국어인 한국어를 사용해서였다. 그래서 집에서 의무적으로 영어를 사용하는 필수 시간을 만들었다. 그 시간만큼은 꼭 영어를 사용하기로 다짐했다.

세계적인 작가 말콤 글래드웰은 '1만 시간의 법칙'을 주장한다. 무슨 일이든 성공하려면 1만 시간을 쏟아부어야 한다고 하는데 나는 이 말에 전적으로 동의한다. 결코 노력은 배반하지 않는다. 집에서 필수 영어를 써야 하는 시간에는 꼭 영어를 써야 했고 영어 단어가 생각나지 않을 경우 설명을 영어로 해야 했으므로 오히려 문장과 문장을 연결해주는 접속사 사용을 더 다양하게 사용하는 능력을 키울 수 있었다. 접속사와 관계대명사 문법으로 기억해 머리 아픈 것들을 자연스럽게 익히게 되면서 실제로 대학교에서 서술형 시험에서는 답을 제출하는 것이 너무나도 쉬워졌고 집에서도 계속해서 영어 쓰는 것이 나에게도 그리고 함께 살고 있던 친척 동생과 엄마에게도 도움이 되었다. 엄마가 시장에 가서 물건을 살 때도 영어에 자신이 없었던 탓에 따갈로그어로 "마까노?" 이렇게 하고 구매하였는데 이제는 당당하게 "How much is it?" 이렇게 물어보고 구매한다고 하는 것이었다.

사소한 변화가 우리 가족을 변화시켰다. 언어를 습득하려면 충분한 노출이 절대적이라는 것을 나는 경험으로부터 알 수 있었다. 어디에서 충분한 시간을 채우겠는가? 바로 제일 오래 머무는 곳, 집 안이다! 언어에 재능이 있고 없고는 중요하지 않다. 노출을 가장 쉽고 편하게 하는 곳! 그곳에서부터 시작하는 것이 중요하다.


아이들이 매일 영어를 습관처럼 할 수 있는 곳은 집이다. 그곳에서는 엄마의 노력이 필요하다. 나는 시은이에게 기본적으로 재미로 영어를 느낄 수 있도록 다양한 리유저블 스티커를 사용했다. YBM의 머핀 잉글리쉬에서 제공해주는 리유저블 스티커를 이용해 각각 스티커를 사물에 부치며 레고 블록 펜을 이용해 영어를 노출했다. 시은이는 이것을 활용해 각 스티커를 찍으면서 레고 블록 펜을 활용했다. 다양한 교구 활용 또한 매력적이다. 엄마가 스스로 준비하는 것도 한계가 있다. 집에서 특정 시간 별도의 도구나 교구 없이 오로지 말과 행동으로 영어 노출을 하는 것에 한계를 느낀다면 당연히 외부의 도움을 받아야 한다. 나는 정말 교구의 도움을 100% 활용했다.

그러면, 어떤 콘텐츠들을 활용해야 집 안에서도 영어에 쉽게 노출되도록 만들 수 있을까! 정말 이 부분에서 나는 다양한 콘텐츠를 활용했다. 핸드 파닉스 블록, YBM 머핀 잉글리쉬, 플레이 팩토, Highlights 원서, ELT 교재, Youtube, 넷플릭스 등을 활용했다.

콘텐츠 활용은 아이들의 성향과 취향을 반드시 고려해야 한다. 내향적이고 책을 읽는 것을 좋아하는 아이에게는 스스로 학습할 수 있도록 자기주도학습의 환경을 구성해주는 것을 추천한다. 앞서 언급했듯이 독서에 집중할 수 있도록 아늑한 공간을 만들어주는 방법과 자기주도학습이 가능한 별도의 사교육을 해주는 방법이 있다. 요즘은 윙크 또는 웅진 북클럽 등 다양한 플랫폼 학습에도 수준 높은 영어 교육 콘텐츠들이 있다. 시은의 경우 웅진 북클럽 2년을 하고 윙크를 했다. 영어의 경우 핸드 파닉스 블록을 계속 하고 있다. 어떠한 결과를 얻기 위해 시작한 노출이 아니어서 그런지 속도는 다소 느리지만 영어에 대한 거부반응이 없어 엄마인 나는 이것으로 너무 만족했다. 초기 영어에 욕심을 내었다가 거부반응을 세게 겪어서인지 지금은 그저 영어를 좋아하는 시은이만 봐도 감사할 뿐이다.

아이마다 각자의 개성이 있다. 성향과 공부하는 스타일이 다른데 사교육과 공교육은 모두 같은 방법으로 맞춰서 지도하고 있다. 아이를 존중

하며 지도해줄 곳은 오직 집뿐이다. 그리고 그 방법은 엄마표 영어뿐이다. 언어는 섬세한 영역이다. 어떻게 이것을 공통된 방법으로 지도할 수 있을까? 배우는 방법과 속도는 모두가 다른데 그것을 맞춰줄 곳은 집이므로 엄마가 아이에 맞춰 환경을 바꾸어주어야 한다.

# 06

/

## 엄마표 영어가 아이의 인생을 바꾼다

장을 보러 마트에 가면 유난히 사람들이 모여 있다. 무슨 일이라도 일어난 것일까? 궁금해서 기웃거려본다. 막상 가보면 남자아이가 바닥에 벌러덩 누워 울고 있다. 장난감을 사고 싶은데 어머니가 사주지 않아 울고 있는 것으로 보인다. 어쩔 줄 몰라 진땀 빼는 엄마가 애처롭기만 하다. 엄마는 아이의 옷을 잡고 일으켜 세우려 하지만 아이는 엄마가 일으켜 세우려 할수록 더욱 바닥에 누우며 큰소리로 울부짖는다. 네 살쯤 되어 보이는데. 나 또한 시은이가 그럴까 걱정되어 시은이의 작은 손을 꽉 잡고 서로 눈을 마주 본다. 시은이의 눈은 놀란 듯해 보인다. 자리를 얼른 뜨며 속삭였다.

"시은아, 우리 기억나지? 물건이 사고 싶을 때는 사러 가기 전에 미리
계획하고 사는 거라고."
"네, 엄마. 울면 산타 할아버지가 선물 안 줘요."

녀석, 크리스마스가 다가오긴 하나 보다. 시은이는 우는 친구가 산타
할아버지한테 선물을 못 받을 것이라며 '쯧쯧쯧'을 연발한다. 최근에 겨
울 관련 콘텐츠 노래, 영화, 책을 많이 들려주고 읽었다. 그래서 그런지
이번 크리스마스는 기대가 큰가 보다. 울면 산타 할아버지가 선물을 안
준다는 내용, 그리고 떼를 쓰고 우는 행동을 하면 안 된다는 내용 등 다
양한 교훈이 담긴 책을 읽어주었다. 시은이는 그 이야기를 줄줄이 마트
안에서 쉴 새 없이 말한다. 손을 잡으며 걷는 내내 전해오는 즐거움과 아
이의 따뜻함이 내 마음에 전달된다. 바로 함께 엄마표 영어 놀이하면서
말해주고 짚어주었던 내용들을 기억한 것이다. 기특한 녀석. 잊어버렸을
거라 여겼는데 다 기억하고 있었구나.

진짜 공부는 단순히 배움에서 끝이 아니라 실생활에서 적응하고 또 나
누는 것이 아닐까. 그리고 그것을 통해 얻는 자신감과 성취감, 어려워도
끝까지 해내고 마는 그 태도. 이 모든 것이 바로 엄마표 영어에서 시작되

는 것이다. 처음에는 책을 처음부터 끝까지 넘기는 것도 어려웠다. 읽고 싶은 부분만 읽으려 했다. 유튜브 또한 노출할 때 그러했다. 처음이 어렵지 하나씩 하나씩 엄마 한 번, 시은이 한 번 그렇게 서로 맞추어나갔다. 그렇게 천천히 우리는 기다림을 배웠다.

어느덧 우리에게는 목표가 생겼다. 기다림과 목표를 배우고 인지능력이 생기기 시작했다. 해야 할 것과 하지 말아야 할 것을 알게 되었고 교훈을 알게 되었다. 넷플릭스와 유튜브 등을 통해 책에서는 느낄 수 없던 모션 등을 느끼며 잠시 지루함을 시각과 청각으로 해소해주었다. 육체적인 활동을 원한다면 가까운 다이소까지 걸어가기를 하면서 한 줄로 맞추어 걸어가며 원, 투, 쓰리 숫자 세기를 했다. 그리고 가는 곳마다 버스 정류장, 꽃, 돌, 개미 등을 보며 관찰하고 영어로 무엇이지 하며 소통하고 교감했다. 그렇게 우리는 놀이로 하나씩 노출하고 엄마표 영어 놀이를 했다.

4~7세는 측두엽의 발달로 언어 확장이 일어나고 사고와 인성, 도덕성을 담당하는 전두엽이 집중적으로 발달한다. 이때를 많은 사람이 이중언어 노출의 골든타임이라고도 부른다. 아이와 엄마가 소통하고 공부할 때 집중해줘야 할 최고의 시기 말이다.

## 믿음, 자녀에 대한 믿음이 있었다

한번은 학원 강사였을 시절, 어머니와의 상담에서 있었던 일이다. 어머니께서는 학원을 옮기고 싶다고 하셨다. 주변 다른 어머니들과 함께 그룹 과외를 희망하시는데 미카일(Mikail)이 희망하지 않는다고 한다. 그 이유를 묻자 그냥 학원이 좋다고 하니 아들을 믿어주고자 보내기로 마음먹으셨다면서 잘 부탁하신다는 전화 내용이었다.

나는 궁금했다. 그룹 과외 스펙을 들어보니 너무 좋았다. 미카일의 영어 실력이면 그 안에서도 상위 순위 안에 들었으므로 충분히 더 좋은 결과를 계속 낼 수 있을 텐데 왜 학원 수업을 고집하는지 궁금했다. 그날 아무 내색하지 않고 미카일의 수업 태도를 관찰하였다. 미카일은 친구들과 잘 어울렸다. 과제, 발표, 수업 태도, 친구들과의 관계 모두 나무랄 데가 전혀 없었다. 정말 완벽한 학생이었다. 그럼 목표 또는 방향 설정이 궁금했다. 안주하는 것은 아닌지 말이다. 다음 시간, 미카일과의 개인 상담을 잡았다.


"미카일, 요즘은 어떻게 지내고 있니?"

"선생님, 잘 지내고 있어요. 공부하는 것도 재미있고, 친구들도 재미있고 모두 재미있어요."

"그렇구나. 그럼, 선생님이 미카일에게 도움을 줄 것은 없을까?"

"선생님, 단어를 조금 더 외우고 싶어요. 그리고 토론 수업을 해보고 싶어요."

미카일은 원하는 것이 있었다. 목표가 명확하게 있는 학생이었다. 그리고 어머니가 미카일을 믿고 학원에 보내주시는 것도 이해가 갔다. 미카일의 뚜렷한 방향 설정이 있었기 때문에 어디에서든 잘할 수 있는 아이라는 것을 아셨다. 본인에게 부족한 부분과 채워야 할 부분을 명확하게 알고 요청하는 학생이었다. 개인 그룹 과외 또한 그 부분을 채우려고 일부러 어머니가 준비하셨던 것인데 그 부분을 내게 요청한 미카일이다. 너무나도 기특한 녀석.

**믿음과 존중으로 기다리면 재촉하지 않는다면, 아이는 보여줄 것이다**

매일 수업 마치기 10분 전 우리는 수업 내용에 대한 자기 생각을 한 줄 평으로 말하기 연습을 했다. 한 문장으로 표현하기 어렵다면 단어로 끝말잇기 등 다양한 방법으로 활동하며 그날의 주제를 다시 한 번 요약했다. 단어와 말하기, 이것은 핵심적으로 부족한 부분이라 계속 연습하고 또 새로운 인풋을 넣어줄수록 아이들에게 도움이 되는 활동이다. 그리고 꼬리에 꼬리를 무는 활동이라고 앞에 친구가 말한 단어를 기억해서 그 단어를 말한 뒤 자신의 단어를 이어 말하는 것도 있다. 그렇게 단어를 확장하는 활동도 같이 했다. 어느덧 우리 반이 어벤져스 반이 된 듯한 기분이 들었다. 게임으로 무장된 반, 어느 반과 게임을 해도 이길 수밖에 있는 반 말이다. 그것도 영어로 겨루어서…그렇게 전원 모두 다음 학기 상위 클래스로 진급하였다.

절대로 노력을 이길 수 없다. 그리고 그 노력에 더한 믿음을 이길 수 없다. 우리 아이들은 정직하다. 믿어준 만큼 보여준다. 매일 그렇게 우리는 하나씩 쌓아나갔던 것이다. 서로 신뢰와 함께 실력을 말이다. 어머니들에게 한 달에 한 번 상담해도 되는 것을 주마다 했던 것으로 기억한다. 전화로 상담을 못 할 경우, 카톡으로 남겼다. 아이들과의 활동들을 카톡으로 보내드리거나 학습 활동을 노트에 붙여서 부모님 확인을 받도록 하였다. 아이들 또한 학습한 것들에 대하여 성취감을 느끼도록 말이다.

엄마표 영어의 속도는 아이들의 성장 속도와 배움의 속도 모두 제각각이다. 하지만 부모님과 자녀 그리고 선생님의 삼박자가 합이 되어 함께 하니 결과물은 배가되어 돌아왔다. 목표가 같다면 기다려주자. 아이들은 반드시 부모의 믿음을 알고 아웃풋을 보여줄 것이다. 아이들의 노력을 충분히 공감하고 위로와 용기를 주자. 아이의 인생이 바뀔 것이다. 엄마의 한마디로 말이다.

"오늘도 고생했어! 우리 딸."

# 07

/

## 열 살 이전에 영어 능력을 길러라

　어머니들은 때로는 아무렇지도 않게 우리 아이는 너무 늦게 영어 공부를 시작했다고 자녀들 앞에서 서슴없이 말을 한다. 이것을 듣는 아이의 마음은 어떨까 생각은 해보셨는지 되묻고 싶을 때가 한두 번이 아니다. 친한 친구부터 강의할 때 그리고 학부모 상담이 있을 때마다 어머니들에게 종종 받는 질문이 있다. 그중 하나가 바로 영어 공부는 언제부터 시작하면 좋냐는 질문이다. 그러면 나는 주저하지 않고 말한다. 언어는 태어나자마자 시작하는 게 가장 좋다고 말이다. 항상 말한다. 그리고 만약, 그 시기를 놓쳤고 아직도 시작하지 않았다면 지금이라도 시작하는 게 좋다고 말한다.

물론, 영어를 일찍 시작하면 좋은 점이야 있다. 다양한 시행착오를 거치면서 아이에게 조금 더 많은 기회를 줄 수 있지 않겠는가. 그리고 이른 나이에 모국어와 이중언어에 동시 노출된다면 아이에게는 늦게 영어 공부를 시작한 아이보다 분명 시간을 절약할 수 있을 것이다.

분명히 아이를 낳기 전에 엄마들은 자녀 교육 계획을 세웠을 텐데 왜 막상 자녀를 출산하고는 실행하지 않았을까? 모국어처럼 영어를 습득시키고 싶었다면 3세가 되었을 때 충분히 노출시켜도 되었을 텐데 말이다. 3세가 지나 시기를 놓쳤다고 가정해보자. 그럼 7세가 되었을 때는 왜 시도하지 않았을까? 이때에도 '아, 더 어릴 때 시작했어야 했는데!' 하고 후회만 하며 포기할 것인가? 각자 엄마마다 교육의 기준이 다르므로 어느 시기가 좋다, 적당하다 말하기가 어렵지만, 정말 시기적으로 엄마가 기준을 정했다면 그 계획에 맞게 진행하기를 추천한다.


엄마표 영어 공부는 정말 어릴수록 아이와 함께 진행하는 것이 좋다. 특히 책 읽기를 통하여 영어를 자연스럽게 습득한다면, 이것이 습관화되어 아이에게 더욱 좋은 영향을 줄 것이다. 한글책과 함께 영어책을 같이 노출되게 해주면 다양한 지식이 그 안에 쌓이면서 글을 이해하는 폭이 넓어진다. 그리고 독서를 즐기게 된다. 동시에 영어책을 읽을 때 이해의 폭도 넓어지며 책 읽기가 조금 더 수월해짐을 느낄 것이다. 여기서 한글

책을 보여줄 때, 아이의 레벨에 맞는 책이라면 다양한 장르를 함께 읽게 해주는 것을 잊지 말자. 그리고 영어책을 읽게 할 때는 한글책보다는 조금 더 낮은 레벨을 읽게 하여 쉽게 읽을 수 있어서 성취감을 느끼게 해주는 것 또한 하나의 팁이다.

이때 조심해야 할 부분이 있다. 주변을 둘러보고 옆에서 높은 레벨 또는 다른 좋은 프로그램 등을 한다고 따라 하는 것은 하지 말도록 하자. 내 아이에게 맞는 것이 있다. 내 아이가 좋아하는 책이 있고 프로그램이 있다. 엄마표 영어는 내 아이에게 맞는 것을 하는 것이지 옆집 아이가 하는 것을 따라 하는 것이 아니다. 주변에서는 빨간펜, 웅진, 윙크학습 등 다양한 플랫폼을 많이 하고 있다. 시은이에게 어떤 프로그램을 해줘야 할지 정말 고민이 많았다. 재정적인 부분과 함께 장기적으로 끌고 갈 부분이기 때문에 쉽게 선택할 수 없었고 모든 플랫폼이 한글, 영어 이외에 다른 영역들도 연계되어 있어 쉽게 결정하는 것이 어려웠다. 체험판을 받아 시은이에게 사용해보게 하였고 여기서 명확하게 알 수 있었다. 처음 웅진을 했을 때, 처음에는 시은이가 잘 활용하지 못해도 어려서 그랬겠거니 하고 덥석 계약했다. 책과 연계되어 있고 시은이는 책보다도 한글, 수학 학습에 더욱 관심을 보였기에 잘됐다 싶었기 때문이었다. 하지만 정작 웅진 패드는 한 달에 몇 번 사용도 못 했다. 오히려 집으로 오는 학습지는 정말 알차게 사용했다. 시은이는 진짜 한글, 수학 학습에 관심이 더 있었다. 그 후, 교회 동갑내기 친구로부터 빨간펜 도요새 영어 학습이 너무 좋다며 내게 해보라고 권유했다. 안 그래도 그때 영어 플랫폼을 찾고 있었는데 너무 희소식이었다. 핸드 파닉스 블록만 하기에는 약해 보여 어떤 프로그램을 추가로 하면 좋을까 고민했는데 그래서 상담받고 싶었다. 마침, 시은이 유치원 앞에 도요새를 홍보하고 있기에 바로 상담 신청했고 집으로 체험판이 도착했다. 오 마이 갓! 내가 해도 어렵다. 로그인 자체가 어렵다. 실은 내가 기계치에 컴맹이기 때문에 단순해야 하는데 도요새는 뭔가 기계를 잘 다루는 친구들이 하기에 적합해 보였다. 내가 잘 알아야 시은이를 알려줄 텐데…. 발만 동동 구르다 상담원에게 전화해서 물어보며 겨우 로그인에 성공했다. '로그인하기도 이렇게 어렵다니.'

그 후, 웅진 계약 기간이 종료되자마자 나는 해지하였고 다음으로 윙크로 변경하였다. 윙크는 기존의 웅진보다 쉽게 느껴졌다. 생긴 것이 뭔가 귀엽게 느껴졌기 때문일까? 시은이는 너무 좋다며 학습하겠다고 기계를 껴안고 놓지를 않았다. 가격대는 더욱 높아졌지만 아이가 좋다기에 고민 없이 계약했고, 이번에는 한글만 계약했다. 영어는 무슨 자신감인지 시은이는 원했지만 내가 거절했다. 웅진의 경험이었다. 역시, 나의 선택은 옳았다. 자기주도학습이 필요한 플랫폼들은 철저하게 엄마의 의지에 달려 있다. 습관화되기까지 말이다. 엄마가 지켜봐주기 전까지는 절대 켜지 않았다. 첫 일주일이 갔다. 그 후 엄마가 체크한다고 하기 전에는 혼자 켜는 일은 없었다. 집으로 오는 학습지는 그렇게 좋아한다. 역시 시은이는 학습지 타입인가 보다. 그리고 쓰고 붙이는 영역을 좋아하는 시은이. 그럼 나는 엄마표 영어를 이렇게 하면 되는 것이다. 그래서 시은이에게는 스케치북이 만병통치약이다.

조금 더 빨리 시작한다면 다양한 시도를 해볼 수 있다. 많은 기회가 펼쳐지기 때문에 아이에게 많은 기회를 줄 수 있게 된다. 기초를 쌓아야 하는 상황이라면 기초를 더 탄탄하게 쌓을 수 있는 교구들과 플랫폼을 활

용할 수 있고 책들을 읽을 수 있는 시간을 확보하게 된다. 그리고 체험 학습 등 다양한 현장 학습 등을 통해 실제 몸으로 익히면서 엄마표 영어만의 특장점을 살릴 수 있는 시간이 확보된다. 천천히 쌓아가는 기쁨을 누리는 아이의 모습과 함께 엄마의 모습을 상상하니 너무 행복하다. 늦었다고 생각하면 항상 늦었다. 지금 바로 시작하는 것이 중요하지만, 무엇보다도 골든타임을 놓치지 않는 것이 중요하다. 마음이 급하더라도 단계별로 올라가야 하는 것을 잊지 말자. 시간이 걸리더라도 천천히 정석대로 진행한다면, 그것이 배로 되어 결과로 보일 것이다. 엄마표 영어는 단순히 영어만을 아이와 나누는 것이 아니다. 엄마의 사랑과 엄마의 정성이 담긴 마음이 함께 포함되어 있다. 아이들은 그 마음을 알고 있다. 그것들을 어렸을 때부터 받고 자란 아이들은 아웃풋으로 천천히 보여줄 것이다. 엄마의 믿음으로 지켜주자.

"'너한테 주어진 일에서 너 자신이 최고가 되지 않으면 안 된다.' 남들이 잘했다고 인정해주는 것보다 네 자존심이 더 중요하다. 스스로 만족할 수 있도록 일하는 습관을 들여라. 내가 나를 인정할 수 있는 정도가 된다면, 타인의 인정은 자연스럽게 따라올 것이다."
 – 박광세·조형진, 『드림 스파이』

## 2장

# 엄마표 영어에
# 대한 오해

# 01

/

## 엄마표 영어의 속도는 모두 다르다

"또 독박이야? 도대체 몇 시에 들어오는 건데?"

내가 처한 상황을 나 스스로 코너로 몰고 갈 때가 있다. 나도 엄마이기 전에 여자인데…. 위로받고 싶고, 엄마표 영어가 힘들고 모든 것이 지쳐 있을 때, 생각했던 것보다 속도가 더딜 때 엄마표 영어고 살림이고 일이고 다 정말 내려놓고 싶을 때가 있다. 누가 시킨 것도 아니고 나 스스로 해보겠다고 한 일이지만 때로는 자기 주관이 확실해지는 자녀를 볼 때면 대견스러워야 하는데 나는 더욱 힘듦을 느끼고, 깊은 동굴 속으로 피신

하고만 싶어진다.

이런 슬럼프들은 모두가 한 번쯤 왔을 것이다. 나는 정상 속도로 가고 있다고 생각하고 때로는 아이의 속도에 맞춰 한 박자 느리게 맞추었지만, 왜 우리 아이는… 하고 내색은 안 해도 엄마 마음을 졸이게 할 때가 있다.

"기대 안 해요. 내가 선생님도 아니고 집에서 단어 몇 글자, 책 몇 권 읽어주는 정도인데요."라고 하면서, 실제로는 아이를 영어 천재로 생각하며 금방이라도 영어로 자기소개를 하고 외국인과 소통할 수 있으리라는 환상을 갖고 있지 않은가?

엄마의 자기 사랑, 자존감은 우리 아이들의 정서적인 평안함 그리고 아이의 숨은 내공까지도 탄탄하게 다지게 해주는 부스터 역할을 해준다. 시너지 말이다. 나에 대한 기대를 조금 낮추고 내가 진정 무엇을 할 때 행복한지 안다면 그리고 그것을 아이와 함께하는 시간을 보낸다면 아이와 동시에 성장할 수 있다.

앞서 말했듯이 엄마의 마음에 평화가 온 다음, 두 번째로 자식에 대한 기대, 영어에 대한 기대를 조금 낮추어보자. 외국에 살다 오지 않은 이상 영어유치원 1년 차 아이가 외국인과 거침없이 쏼라쏼라 말하기는 쉽지 않다. 그것도 엄마표 영어를 통해서만 말이다. 우리는 영어라는 언어를 습득하게 하는 조력자의 역할을 하려는 것이지 껍데기 영어를 아이에게 선물하려고 하는 것이 아니기 때문에 그 기대를 낮춘다면 속도를 신경 쓰지 않아도 된다.

내가 초등학교 6학년 때의 일이다. 대전 서구 괴정동에 있는 종합학원에 다녔는데 이때 영어 시간에 우리는 하나의 영어 교재로 모든 친구가 공부했다. 하지만, 그룹은 서로 달랐다. 1시간의 수업이지만 서너 명씩 그룹을 지어 각각 수준별로 공부했다. 나는 가장 낮은 레벨의 그룹에 속했다. 그런데 이게 웬일인가! 우리 그룹에 한 명이 추가로 온다는 것이다. 그것도 최고 상위 레벨에서 말이다. 그 친구는 울면서 선생님에게 말했다.

"선생님, 우리 엄마가 알면 저 혼나요. 제발요, 제가 더 열심히 할게요."

그 친구는 왜 그렇게 서럽게 울면서 선생님께 매달리다시피 버렸을까? 나는 새로운 친구 사귈 생각에 너무 좋았는데 말이다. 수다 떨 상대가 늘어날 것에 마냥 좋았고, 그룹 멤버가 늘어났으니 발표할 상대가 늘어나 더욱 기뻤다. 생각의 차이가 너무 컸다.

현재, 나는 비로소 깨달았다! 선생님은 높은 레벨일수록 그룹 인원을 더욱 축소시켰고, 책 진도를 빨리 떼어 반복 학습을 시켰다. 그들에게는 여러 번 라이팅 학습과 단어 반복 학습, 패턴 학습을 시켰으며 우리가 웃고 떠드는 것을 영어에 적응하는 기간이라고 생각하게 두셨다. 물론 덕분에 초등학교 6학년 그 시기에 나는 영어에 거부반응이 없었다. 알파벳만 쓸 수 있었다는 게 문제였지만 말이다.

같은 콘텐츠, 같은 학습 시간, 같은 선생님과 함께 수업해도 결과물은 다를 수밖에 없다. 어떠한 과목이라도 마찬가지일 것이다. 동기부여의 방법과 학생들의 마음가짐과 각자의 목표, 목표 달성 시기 등에 따라 달라지기 마련이다. 특히나 언어의 특수성은 더욱 다르다.

언어학자 레너버그(Lennerberg)에 의해 결정적 시기 이론 논란은 1967년 시작되었는데, 이것은 언어 습득에는 결정적 시기가 있는데 이 시기가 지나면 언어 습득 능력이 급격히 떨어진다는 주장이다. 해당 시기는 태어나서부터 12~13세 이전을 가리킨다.

서두에 언급했듯이 영알못인 나는 초등학교 6학년 때 ABC를 본격적으로 배우게 되었으며, 진짜 영어라는 현실은 고2가 되어서야 필리핀 유학 시절을 통해 체험하게 되었다. 그럼 나는 이 시기를 놓친 것인데 지금 어떠한가?

또, 예를 들어보자! 청각장애 아동 중 초등학교 입학 후에 이중언어로 영어를 배울 경우, 이들이 수화를 배우고 사용하는 것은 어떻게 설명할 것인가? 대부분의 아이가 초등학교 입학 후 수화를 배우게 된다고 하는데 그럼 결정적 시기와 맞물리거나 지날 수가 있게 된다. 언어를 습득하는 데 영향을 끼치는 것은 다양하다. 학습 능력의 차이, 가정환경, 동기, 기억력, 기질, 분석력 등 여러 가지의 변수가 있다.

대표적으로 중국의 마윈을 봐라. 알리바바 그룹의 창업주이자 초대 회장이며 포브스 표지에 최초로 실린 중국의 사업가이다. 그는 9년간 외국인 관광객들을 대상으로 무료 가이드를 해주고 영어를 배웠다고 한다. 그렇게 그는 성장했다. 그는 매우 쉬운 영어를 사용하여 발표하는 것으로도 유명하다. 전 세계에서 그를 모르는 사람이 있는가! 사람들은 그의 말에 집중하고 열광한다. 문법적으로 그의 말이 틀리더라도 상관없다. 영어는 언어이기 때문이다.

또한, 마윈의 경우 모국어가 강했기 때문에 이중언어 또한 강할 수 있었다. 영어 또한 언어이기 때문에 자신의 생각을 스스로 말할 수 있었어야 한다. 자신의 생각을 바탕으로 정리하고 그것을 그대로 영어로 전환하는 법을 알고 있었기에 빠르고 효과적으로 표현하지 않았을까! 모국어가 튼튼하다면, 자유로운 응용도 가능해질 뿐 아니라, 하나를 알면 열을 깨우칠 수 있는 언어의 마술사가 될 수 있다. 이것은 정말 나만의 비법이다. 대학교 때 시를 써서 내야 하는 시험에 도저히 영어로 시를 쓰려고 하니 머리가 터질 것 같은 압박이 몰려왔다. 나는 별 수 없었다. 한국 가요를 영어로 번역하여 작성했다. 한국 가요들은 너무 아름답지 않은가!

엄마표 영어의 속도는 신경 쓰지 말자. 우리가 기억할 것은 아이들의 행복과 방향이다!

우리의 목표를 명확하게 설계하고 그 중간마다의 도달점을 기억하자. 그리고 과정마다 아이에게 필요한 것은 없는지 확인해보자! 그게 우리 엄마들, 바로 조력자의 역할이다. 아이라는 꿈나무에게 다양한 경험을 할 수 있도록 시간을 충분히 주자!

우리 아이 영어 속도가 느리다고 생각할 때는 3가지만 해보자!

▶ 다독을 이길 수는 없다! 하루 30분 이상 책 읽기!(모국어)

▶ 어휘 앞에 장사 없다! 단어 세 개씩만 노출시키자!

▶ 일부러라도 클래식, 팝송, 키즈송을 들어라

아이에게 칭찬과 격려로 충분히 자존감을 회복해주었다면 약간의 부족한 부분을 채워주는것도 팁이다. 그러려면 앞의 3가지 방법을 추천한다. 인풋을 주기에는 독서보다 강력한 무기는 없다. 영어로 독서를 하면 아이가 부담감 또는 거부감을 느낄 수 있으니, 아이가 좋아하는 주제로 시작을 해보자. 그렇게 인풋이 늘어나면 어느 한순간 아이의 입이 터질 때, 영어로 술술 나오게 될 것이다. 이때 발휘되는 것이 바로 준비해두었던 어휘량이다! 어차피 소통이 되는 언어가 필요하므로 아이에게는 눈과 귀, 입으로만 단어를 노출해줘도 상관없다. 그렇게 매일 습관화하자. 마지막은 정말 꼭 추천해주는 방법이다. 영어 듣기 연습을 미리 준비하자. 3장에서 조금 더 자세히 안내하겠지만, 한국어와 영어는 음역대가 서로 다르다. 그렇기 때문에 미리 귀를 트여주는 연습이 필요하다. 시은이의 경우, 자기 전에 필수로 클래식을 듣는 것을 습관화하였다. 클래식이 자기 전에 듣는 음악으로 자리 잡았다. 그래서 자기 전 시은이의 필수 코스가 되어버렸다.

"아리야, 자기 전에 듣는 음악 들려줘!"

# 02

/

## 엄마들의 엄청난 착각

"이번에는 A201에 올라가기 어렵겠죠, 선생님?"

"아무래도 한 번 더 파닉스 클래스를 통해 다지고 올라가면 제임스(James)에게 도움이 될 것 같습니다, 어머님."

"우리 제임스는 개인 과외를 이미 한 후 여기에 등록했어요. 그래서 충분하다고 생각했는데 그게 아니었나 보군요?"

내가 영어 어학원 강사였던 시절 내로라하는 직업을 가진 부모님 중 한 분이 하신 말씀이다. 부모님들은 여기 어학원에 보내려고 개인 과외를 시킨다고 했다. 제임스의 경우 초등학교 2학년에, 상당히 조용하며 큰 눈망울에 보조개가 살짝 들어가는 내성적인 아이였다. 레벨 테스트를 통과한 후, 파닉스 정규 과정에 들어오긴 했지만, 걱정이 앞섰다. 상당히 액티브하고 열정 가득한 선생님과 분위기 업된 우리 아이들 속에서 내성적인 제임스가 잘 적응할 수 있을까?

여기서 어머니들은 내가 고민한 것을 진지하게 받아들여주셔야 한다. 그리고 중간 어드바이저 또는 디렉터 반을 컨트롤하시는 주임 선생님들도 꼭 고민해주시기 바란다. 앞서 말했듯이 그 당시 내가 맡고 있던 반은 상당히 액티브한 반이었다. 곧 리딩(Reading) 클래스로 올라갈 반으로 모두가 파닉스를 마치는 단계였다. 반 아이들과의 관계도 상당히 끈끈했다. 제임스의 어머니가 제임스의 성향과 현재의 기존 클래스의 상황을 전달받으셨다면, 차라리 다음 학기에 등록해주셨다면 어땠을까? 제임스에게 조금 더 영어에 대해 좋은 인상을 심어주는 기회가 되지 않았을까?


\* 제임스(James)의 컨디션

- 내성적
- 말수가 적음
- 영어에 관심이 없음
- 알파벳은 알고 있으나 라이팅(Writing)이 어려움
- 조기 영어 경험 유(학습지)

– 외국 경험 있음(어렸을 적. 아버님이 연구원)

– 외국어에 대한 어머님의 관심이 높음

– 파닉스 기본 공부 3개월(개인 과외)


\* 줄리의 생각(Julee's Idea)

– 제임스와 개별 면담 필요

– 학부모와의 면담 필요(학부모의 니즈 파악)

– 다음 학기 등원 준비 과정 과제 안내(제임스가 희망 시)

– 인풋(Input, 배경지식)


앞서 말했듯이 영어는 언어이기 때문에 먼저 언어에 대한 아이의 관심이 우선이다. 그런데 나는 제임스가 영어에 관심이 있는지부터 궁금했다. 어머니는 관심이 너무 있어 보였지만 아이는 도살장에 끌려온 소 같았다. 제임스 어머니께는 죄송했지만 내 눈에는 그래 보였다.

이 자리를 빌려 엄마의 욕심에 자신의 아이를 맞추려고 하지 말아주길 간곡히 부탁한다. 오로지 아이의 행복을 위해 우리 모두 이렇게 준비하는 것이지 않나!

제임스 어머니와의 전화 상담에서 어머니는 엄마표 영어도 꾸준히 했다고 털어놓으셨다. 태교부터 시작해서 아버님이 연구원이셨기 때문에 종종 해외에도 나갔다고 한다. 그렇게 리스닝, 스피킹, 리더스 등 다양한 방법으로 아이를 영어에 노출했다며, 전화를 끊지 않으려 하셨다. 계속 나에게 리딩 클래스로 올라가야 하는 이유를 설명하셨다. 어머니는 아직도 제임스가 무엇이 필요한지를 모르는 것만 같았다.

여기서 제임스의 영어 노출 과정에는 에러가 있었다. 본인의 의지와 다르다는. 필요하지 않은 지식에 시간을 낭비하고 있었던 셈이다. 제임스는 레벨에 맞지 않는 콘텐츠와 방법으로 영어에 노출되고 있었다. 그 때문에 영어에 대한 흥미를 잃어가고 있었다. 강압적인 방법으로 학습시켰기 때문이었다. 그래서 아이는 소극적으로 영어 공부에 임했던 것이다. 이 아이가 사춘기 나이에 들어설 때 엄마와의 관계가 어떻게 변할지 불 보듯 뻔했다. 배경지식, 즉 인풋(Input)이 다양하지 못해 어설프게 짜깁기하게 되니 당연히 레벨 테스트에 그게 반영된 것이다. 그런데 이걸 모른다고? 이런 결과가 나올 수밖에는 없는데. 미국 심리학회 수장을 역임했던 코넬대 심리학과 교수 로버트 스턴버그(Robert Sternberg)는 이런 상황의 핵심을 다음과 같이 잘 표현했다.

"적용할 만한 지식 자체가 없으면 지식을 실용적으로 적용할 수 없다"

언어에 아이를 노출시키는 과정은 단순하다. 일상생활 속에서 아이가 좋아하는 부분을 캐치해 그것을 긁어주면 된다. 예를 들어, 6개월에 말문이 터져버린 시은이가 있다. 그러자 부모는 시은이가 천재인 줄 알고 어설프게 영어에 노출시켰다. 어쩌면 거부반응이 세게 온 것은 당연하다. 다른 식으로 노출시키다 여섯 살에는 도전해보자 싶어 리더스 책을 과감하게 채택해보았다. 빅 리더스 책이었다. 에이리스트(AList) 교재 레디 액션(Ready Action) 백설공주 책이었다!

한참 공주 옷에 빠져 있던 시은이었으니 얼마나 행복한 일인가! 하지만 역시 엄마만의 착각이었다! 시은이는 그 리더스 빅 북을 가지고 병풍을 만들며 놀고 있었다. 그런데 나는 행복했다. 그 안의 다양한 레터들과 그 속의 스토리를 시은이가 듣고 있었기 때문이다. 그 사운드를 들으면서 시은이는 까르르 웃으며 다음 장으로 넘어가고 있었다.

엄마의 욕심보다 내 아이에게 잘 맞는 교육이 어떤 것인지 신중하게 생각하고, 자녀에게 맞는 방법으로 함께 공부해보자. 아이에게 제일 우선으로 필요한 건 엄마이지 그 다른 누구도 아니다.


아마 여기서 제임스의 그다음 스토리가 궁금하신 독자들이 있을 것이다. 나는 제임스 어머니를 설득했다. 제임스를 더 믿고 성취감을 느끼게 해준다면 아무래도 부스터를 달게 될 것이다. 다른 아이들보다 더 빨리 리딩 클래스에서 눈부신 활약을 보일 것이라고 말이다.

그런데 이것은 사실이다. 제임스는 그 어떤 친구들보다 파닉스 클래스에 성실히 임했고, 또 열심히 했다. 그리고 자신을 믿어주는 부모님과 선생님이 있었다. 제임스는 그런 격려와 믿음을 바탕으로 스스로 해냈다. 큰 성취감을 맛본 건 물론이다. 얼마나 짜릿했을까! 친구들 앞에서 정답을 외치고, 교실 앞에 나와 큰 소리로 자기소개를 하기도 했다. 뿐만 아니라 친구들이 모르는 문제를 알려주며 영단어들을 외치기도 했다. 그때! 우리 아이는 성장한다! 그때 우리 아이는 웃는다!

우리 아이들은 다른 게 필요한 게 아니라는 것을 명심하길 바란다. 자기 자신을 믿어주는 엄마와 함께해주는 조력자만 있으면 된다. 그 조력자는 친구가 될 수도 있고, 때로는 책, 학습지나 인터넷, 온라인 학습이 될 수도 있다. 엄마가 그것을 찾아주면 된다. 나는 제임스에게 그 조력자 역할을 해주었다. 그리고 어학원을 그만둘 때 나를 대신할 책을 추천해주었다. 그리고 네이버라는 초록 창을 제안해주었다. 친구가 있었다면 더 좋았겠지만….

엄마표 영어를 하는, 또는 아이의 영어 공부에 공을 많이 들이는 엄마들은 엄청난 착각에 빠지곤 한다. '우리 아이는 천재인데 잠시 헤매는 것 같아. 내가 이 정도 돈을 투자했는데 시간이 지나면 돌아올 거야. 잠시 기다리면 될 거야. 우리 아이에게는 잠재된 천재성이 있어. 난 내 자식을 믿어.'

이 모든 것이 엄마의 착각이라고 말하고 싶다. 그런 믿음으로 아이의 잠재력을 끌어올리기 전에 엄마가 인풋을 주어야 한다. 나무에 물을 주어야 열매를 맺듯이 말이다. 여기서 꼭 기억할 것은 인풋을 주는 방법부터 우리 아이에게 맞추는 것이다. 아이가 거부반응 없이 행복하게 흡수할 수 있도록. 아이의 행복이 엄마의 행복이니까!

# 03

/

## 아이의 실력이 늘지 않아요

대한민국에는 참으로 많은 사람이 화병에 걸린다고 한다. 이 화병은 불치병으로 구분된다고 하는데 왜 화병에 걸리는 것일까? 아무래도 사람이 가질 수 없는 욕망 그리고 남의 것이 좋아 보이며 내가 만족하지 못한 삶에 대한 불평으로부터 오는 것은 아닐까 싶다. 내 아이를 잘 키우고 싶은 사랑 그리고 내가 만족하지 못했던 과거, 이 모든 것에서 오는 열등감.

엄마라면 누구나 자녀를 정말로 잘 양육하고 싶다. 특히나 요즘은 욜로족이 많다고 할 정도로 결혼도 늦어지고 있고 출산 또한 늦어지고 있다. 더군다나 자녀를 많이 낳는 세대가 아니다. 그 정도로 자녀 한 명에 기울이는 정성이 예전과는 달라졌다. 사랑하면 할수록 엄마는 옆집 아이와 비교하고 더욱더 기준점, 기대치가 높아진다. 과연 그 끝은 있을까? 자신의 아이를 남의 아이와 비교하는 것이 자신에게 행복한 일인지 되묻고 싶다.

대전에는 사립초등학교가 몇 군데 있다. 그중에서 삼육초등학교를 다닌다고 하면 그 친구의 미래 대학교를 이미 짐작할 수 있게 된다. 왜냐하면 이미 사교육은 어느 정도 하는지 느낌이 오기 때문이다. 아이를 낳기 전까지는 몰랐다. 왜 그렇게까지 교육 때문에 이사를 하고 좋은 선생님에게 과외받기 위해 대기를 해야 하고 부모님들이 여기저기 알아보고 다니는지. 그런데 막상 내가 부모가 되어보니 간절함을 느끼게 되었다. 그만큼 자녀에 대한 사랑이 크다는 말이다. 부모님의 열정과 교육에 대한 도움 또한 부모님의 사랑이다. 그렇게 이해된다. 다만 아이의 바람과 함께 되었으면 좋겠다.

학부모 상담하는 과정에서 생긴 일이다. 초등학교 1학년 남자아이 자녀를 둔 어머님이었다. 아이의 실력이 계속 제자리 같다며 하소연하였다. 유치원에서 초등학교 1학년으로 올라왔는데 매일 하루에 엄청나게 많은 영어 단어를 외우고 있다고 한다. 그런데 왜 리딩 독해 실력이 제자리인지 모르겠다고 하는 거였다. 어머님이 조바심을 느끼는 듯 보였다.

"선생님, 저희 애가 다음에는 월반했으면 좋겠는데 그럴 수 있을까요?"

모든 어머니의 바람이다. 내 아이가 배울수록 향상되는 것, 물을 주면 줄수록 꽃에서 아름다운 향과 함께 잘 자라는 것, 그것을 바라는 것은 당연하다. 다만, 환경이 중요하지 않을까. 환경과 본인의 상태, 즉 컨디션 말이다. 특히나 언어라는 특수성은 절대적이다.

어머니의 니즈는 간단했다. 월반해서 아이가 더 높은 곳으로 올라가는 것이었다. 실력 향상이 아닌 높은 곳으로 올라가는 것, 그 학원에서 높은 클래스에 속하는 것이었다. 아이 또한 내가 어느 곳에 속해 있다는 것이 어머니에게 칭찬받는 것으로 알고 있었다. 과유불급이라는 말이 『논어』에 나온다. 지나친 것은 미치지 못한 것과 같다는 말이다. 성취하기 위해 부모는 자신의 아이가 다른 아이보다 더 잘하기를 기대하는데 만약 그 결과가 기대치에 미치지 못하면 자녀를 한없이 고개 숙이게 만든다.

아이의 얼굴은 다른 아이들보다 근심으로 가득한 날이 많았던 것으로 기억한다. 매일 피곤한 일상 같아 보였다. 한 가지 묘안이 생각났다. 제일 염려했던 부분이 리딩이라고 말씀해주셨는데 내가 보기에는 리딩은 문제가 없었다. 다만 책을 읽은 후 본인 생각을 표현하는 그 이후가 문제였다. 디베이트 과정에서 자기 생각을 표현하는, 즉 수행(Performanc) 단계인 쓰기, 말하기 부분에서 연습이 필요했다. 많은 배경지식이 이미 쌓여 있었기 때문에 활용하는 부분만 잘하면 되는 부분이었다. 자존감을 높여주고 충분히 모방, 발화, 쓰기만 하면 되는 부분이었다. 연습의 분량이다. 이 부분은 충분히 커버가 가능했다. 긍정의 시그널이다. 너무나도 기뻤다. 아이와 함께 매일같이 스피킹 연습, 라이팅 연습을 했다. 우리 반 모두 최고의 스피커가 되어보자며 아나운서 역할을 하고 본문을 외우며 롤 플레이 하고 낄낄대며 수업했다. 그렇게 아이들은 프로 아나운서처럼 자존감을 회복하고 있었다.

때로는 실패할까 두려워 무엇인가를 시도하지 않고 '아, 나는 역시 안 돼.'라는 부정적인 사고에 휩싸여 한없이 나락으로 빠지게 되는 경우가 있다. 그리고 계속해서 옆 친구와 비교하게 되는 경우가 있다. '나는 해도 안 되는 걸까.' 하며 부정의 생각에 빠지게 되면 계속 거기서 헤어 나올 수 없게 된다. 이럴수록 아이는 더욱 위축되고 잠재 능력마저 희미하게 사라져버리게 될 것이다. 결국은 엄마의 부정적인 생각이 고스란히 아이에게 전해져 부정적인 결과를 가져올 수 있다.

이와 반대로 비교 우위에 있는 아이 또한 좋은 효과를 얻기는 어렵다. 그 아이 역시 자만하게 되는 태도를 보이게 된다. 그리고 그 자리를 계속 지켜야 한다는 부담감을 가지게 된다. 이 부담감으로 인하여 본질에 집중하는 것이 안 되는 것이다.

그러므로 부모들은 정말, 아이의 실력으로 잣대를 기울이는 행동은 삼

가야 한다. 특히 비교의 대상이 형제, 옆집 그리고 주변 인물이면 더욱이 말이다.

어렸을 때부터 아버지의 사랑을 가득 받고 자란 막내딸이 바로 나다. 오빠와 여섯 살 터울이어서 그런지 아버지는 나에게 유난히도 큰 사랑을 주셨다. 대전 내동초등학교를 다니던 시절, 아버지는 그 당시 각 그랜저를 타셨다. 걸어서 5~10분 거리에 살았어도 꼭 등교를 차로 함께해주셨다. 그리고 차에 탈 때는 다윗과 요나단의 음악이 흘러나왔고 내리는 신호등 앞에서는 아버지의 딸 사랑 용돈이 함께 내렸다. 손을 동그랗게 표시하면 아버지는 100원을 내게 주셨고, 큰 동그라미를 표시하면 500원을 주셨다. 매일 말이다. 하지만 오빠에게는 그 어느 때보다 냉정했다. 그 당시, 대전 서중을 다니던 오빠의 한 달 용돈은 5,000원이었다. 초등학교 1학년인 나는 마음만 먹으면 오빠보다 많이 받을 수 있던 것이다. 네모를 손으로 표시하면 아버지의 지갑에서 1,000원이 나왔기 때문이다. 이것을 안 오빠는 나를 매일 못살게 굴었다. 비교 대상이 남매가 되어버린 것이다. 오빠는 아직도 어렸을 때 이야기하면서 울곤 한다. 나는 그런 오빠를 보며 한없이 가엽기도 하다. 상처가 회복되지 않은 모습이 안쓰럽다. 남과 비교를 당하는 기분은 당하지 않은 사람은 모를 것이다. 그리고 회복이 되지 않는다면 성인이 되어서도 상처로 남아 깊은 골이 될 것이다.

우리 아이의 영어 실력은 쌓이고 있다. 모국어를 사례로 보자. 처음 엄마, 아빠라고 바로 소리를 내는 것이 아니지 않나. 눈을 마주치고 엄마의 손가락을 따라가면서 행동을 쳐다본다. 그 후, 발화를 시작한다. 발화 이후 아이는 서서히 단어로 말을 시작하고 문장으로 이어진다. 서서히 자기주장을 펼치기 시작하고 배경지식이 쌓이고 경험이 쌓이며 그 뒤에서 자기의 날개를 펼친다. 영어 또한 그렇게 시간이 필요하다. 남과의 비교가 아닌, 아이에게 목표를 심어주어 조금씩 달성하게 해주는 방법은 어떨까? 그러면 그것에 초점을 맞추어 아이가 목표 달성에 더욱 성취감을 느껴 자존감이 올라갈 것이다.

나 역시 죽어도 비교당하는 게 싫었다. 비교당하고 무시당하는 게 좋은 사람이 어디 있겠는가. 하지만 사회에서 어떤 사람들은 이것을 이용해서 상대방을 자극하려는 사람들이 있다. 과연 이 방법이 그 사람을 위한 방법일까? 그게 과연 자극이라는 좋은 도구일까? 남과 비교하고 이기기 위해 하는 방법이라면 가장 어리석은 방법일 것이다.

지혜로운 엄마는 자기 자녀를 항상 밝은 자녀로 키우기를 원한다. 사랑한다면, 자녀를 비교하지 말자. 그리고 기다려주자. 아이의 다름을 인정하고 천천히 성장할 수 있도록 든든한 조력자가 되어주자. 아이의 필요함이 무엇인지를 알려고 하는 것이 우선이다. 실력이 늘지 않는 것이 아니라 아이는 앞으로 나아가기 위해 잠시 준비하고 있는 것이다. 그리고 그 준비 단계에 지금 엄마의 도움을 기다리고 있다. 그리고 인정받기를 원하고 있다. 이때, 엄마가 옆에서 잠시 토닥여주는 것은 어떨까? 그리고 말해주면 좋겠다.

"오늘도 수고했어. 사랑하는 우리 딸."

# 04

/

## 엄마표 영어, 저도 할 수 있어요?

"엄마가 너 도와줄게. 너 하고픈 거 해."

영화 〈82년생 김지영〉에 나오는 한 대사이다. 자신을 위해 헌신한 삶을 산 엄마는 딸을 위해 가게를 접고 지영의 아이를 봐주러 오겠다고 하며 한 말이다. 그때, 이 말을 들은 지영의 심정은 어떠했을까. 이 장면을 본 엄마들 중, 눈물을 흘리지 않은 엄마들이 있을까? 나 역시 이 장면에서 흐르는 눈물을 주체할 수 없었다. 우리 엄마들의 마음은 늘 그렇다. 자녀들이 잘되길 바라는 마음은 한결같다. 내가 이 책을 쓴 이유 또한 엄마들의 마음을 알기 때문이다. 엄마들은 어떻게 해서든 자녀에게 도움이 되고자 한다. 하지만 때로는 나 스스로가 한없이 초라하게 느껴져 내가 도움이 될까 하며 스스로 움츠러든다. 하지만 아니다. 엄마 스스로가 위대한 사람이라는 것을 절대로 잊지 말길 바란다. 지금부터 엄마도 할 수 있다는 것을 알려주려고 한다.

### 엄마표 영어는 공부가 아니라 집에서 하는 영어 놀이이다

만약, 이것을 학습이라고 생각한다면 사교육을 하는 것이 맞지 않는 가? 놀이처럼 즐겁게 즐기면서 하는 것이 맞다. 나는 어떤 것을 같이 배우며 시간을 보내는 취미라고 여겼다. 엄마표 영어를 어렵게 생각하지 말고 먼저, 주변에서 하는 것을 보지 말고 나의 길을 걷자. 다른 집 아이 이야기에 귀를 닫고 눈을 감고 나의 그림을 그리자. 우리 아이와 옆집의 아이는 이름, 혈액형, 성별, 성향 모든 것이 다르다. 어떻게 그 아이와 똑같은 방법으로 학습할 수 있겠는가. 우리 아이에게 맞는 방법으로 맞추어 보자. 나는 그 방법을 바로 독서로 시작하기를 추천한다. 그 첫 단추를 그림책으로 시작하면 좋겠다. 책 선정 방법은 아이의 취향을 고려하는 것을 추천한다. 아이가 좋아하는 책을 고르는 방법은 너무 간단하다. 전집을 살 필요는 없다. 오프라인에 있는 교보문고 또는 도서관을 함께 방문하여 아이가 선택하는 도서를 유심히 관찰해보면 공통분모를 찾을 수 있다. 그것들을 주 3회 그리고 엄마가 의도적으로 노출해줄 책을 주 2회 이렇게 고르면 주 다섯 권을 읽어줄 수 있다. 이 수준은 내가 시은이에게 했던 커리큘럼에 있는 횟수이고 자녀에 따라 책의 권수는 조절하면 된다.

독서할 때, 어머니들이 종종 묻는 경우가 있다. 바로 그림책, 한국어 책, 영어책 등 다양한 책을 읽을 때 읽어주는 방법을 모르겠다는 것이다. 그럼 지금부터 그 방법을 소개하겠다. 책을 읽어주는 방법은 단순히 처음부터 끝까지 롤 플레이 하듯 읽어주는 것으로 끝나는 것이 아니라 레슨 플랜(Lesson Plan), 즉 수업계획안에 맞추어 진행하면 된다. 단어만 보면 벌써 머리가 어지러울 수 있는데 현재 내가 운영하는 네이버 카페 〈Julee's English Mom's Club〉에 가면 양식을 내려 받을 수 있다. 내용은 간단하다. 아이와 책을 읽기 전 해당 책에 대한 내용을 먼저 기재한다면 아이에게 어떤 부분을 노출해줄 것인지 어머니의 머리에서 정리가 된다. 그러면 자녀와 책을 읽을 때 조금 더 자연스럽게 어느 단어, 어느 페이지를 강조해야 하는지 명확하게 해줄 수 있게 된다. 만약 아이가 그림책을 읽거나 정말 몇 페이지 안 되는 레벨이어서 레슨 플랜 작성이 필요 없다고 생각한다면 이것 또한 어머니의 자유이다. 하지만, 내가 영어영문학과 출신이다 보니, 레슨 플랜을 활용하여 수업하는 방식의 차이가 얼마나 큰지를 알게 되었다. 그래서 이 점을 강조하고 싶었다. 이 점에 대해서는 유튜브에 강조하였으니 꼭 한번 확인해보기 바란다. 아이들의 올바른 독서 습관을 위해서는 어머니들의 도움이 필요하다. 그중 하나가 처음 책을 읽을 때 끝까지 읽도록 지켜주는 것이다. 한 권을 골랐다면 아이가 지겨워하더라도 최대한 끝까지 읽도록 노력해보자. 영어책 읽기는 습관을 들이는 것이 매우 중요하다. 물론, 잘못 골랐다고 생각되는 순간이 있을 것이다. 그림이 좋아 책을 골랐지만 정말 내용이 너무 어려워지거나 아이가 힘들어할 경우를 제외하고는 최대한 끝까지 읽는 습관을 잡아주도록 노력하자.

어머니들이 고민하는 것 중에 또 다른 것은 책 읽기는 미리 모르는 단어나 자료를 찾아서 준비하면 되지만 책을 읽은 후 다음에 하는 활동에 관해 묻는 것이었다. 그 후에 어떠한 활동을 해야 좋을지 모르겠다는 것이다. 액티비티 활동은 강사 출신인 나도 항상 가지고 있는 숙제이자 행복한 고민이다. 그리고 이것은 나와 시은이가 늘 만들고 있는 행복한 게임이다. 액티비티는 아이의 성향에 따라 해줄 것들이 너무나도 다양하다. 아이의 성향이 내향인지 외향인지, 그리고 음악을 좋아하는 아이인지에 따라 활동도 다르다. 시은이의 경우 미술 활동을 너무나도 좋아했다. 그래서 집에 스케치북을 정말 박스로 준비해놓고 있었다. 스케치북 하나에 한 장씩 넘기는 것을 좋아하는 것이 아니라 하나의 스케치북은 색종이를 붙이는 용도였고, 다른 스케치북은 색연필로 색칠하는 용도 그리고 각각의 스케치북마다의 역할이 있었다. 자기의 성향이 그러하니 거기에 맞추어줬다. 아이가 원하는 대로 준비해주었고 나는 조력자 역할에 충실했다. 책을 읽고 주인공을 그렸고 거기에 맞추어 영어를 크게 쓰고 색연필로 따라 쓰기를 했다. 그럼 엄마표 영어 완성이다! 네 살 아이 끼적이기이다. 이보다 더 완벽한 수업이 있을까! 그림 그리고 끼적이기! 이게 바로 놀면서 하는 엄마표 영어이다!

교회 아이들을 과외했을 때의 일이다. 파닉스 과정의 아이들. 수와 연산을 하면서 파닉스를 연계하려다 보니 상당히 벅차하였다. 그런데 너무나도 신기한 광경이 벌어졌다. 요리와 함께 연계하니 아이들이 눈이 번쩍이며 빠르게 수업을 이해하는 것을 알 수 있었다. 토스트를 만들면서 영어로 원, 투, 쓰리 하며 사칙연산과 함께 파닉스를 연계하니 금방 알아듣는 것이다. 역시 아이들은 자신들의 관심사와 함께 연계하여 수업하니 귀에 쏙쏙, 머리에 쏙쏙인가 보다. 언제나 정답은 가까이에 있다. 아이들이 좋아하는 것을 하면 된다. 독후 활동이라고 따로 정해진 것이 아니다. 무조건 독후 감상문을 적어야 하는 것이 아니라 색다르게 만들거나 몸으로 표현해보거나 노래를 만들어보거나 다양한 활동을 해보면 되는 것이다. 이 세상에 정답은 없다. 우리가 너무 틀에 박힌 세상에 살다 보니 정답을 원했던 것은 아닐까?

엄마표 영어! 오감을 자극시키는 활동을 많이 하면 된다. 우리 아이들의 골든타임은 3세부터이다! 이때는 오감을 자극하는 다양한 활동을 하면 되므로 엄마들의 손길이 절대적으로 필요하다. 여기에는 어떠한 전문 지식이 필요하지 않다. 그러므로 기죽을 필요 없다. 엄마면 무조건 할 수 있는 것이 엄마표 영어이다. 아이들은 오감을 자극하는 여러 활동을 통해 정서적, 신체적으로 발달하게 된다. 이러한 활동으로 인하여 부모로부터 사랑을 받는 것을 몸으로 마음으로 느끼며 자란다. 그런 아이들은 자존감이 높을 수밖에 없다. 스스로를 가치 있는 존재라고 여기는 아이들은 자존감이 높은 아이들이다. 나 또한 시은이를 그런 아이로 키우고 있다.

# 05

/

## 저는 원어민이 아니에요

"신은 모든 곳에 있을 수 없어서 어머니를 보냈다."

– 『탈무드』

"이번에 유치원 원서 넣어야 하는데 결정했니?"

나의 유일한 아파트 동갑내기 친구 서현이 엄마 서원이! 유치원에 대해 알아봐야 한다는 것을 알려준다. 나는 정말 시은이에게 한없이 부족한 엄마인가 보다. 시은이와 같은 어린이집 엄마들끼리 서로 유치원 상담받으러 다닌다며 스케줄을 짠다고 삼삼오오 만난다고 한다. 서원이는 그것을 나에게 슬쩍 알려주며 곧 이사 갈 준비를 하고 있기에 자기는 이사 갈 곳에 대해 알아보느라 정신없다고 한다. 나는 한 대 얻어맞은 기분이 든다.

그나마 나에게 연락을 준 것은 서원이를 통해 알게 된 혜원이 엄마. 심지어 혜원이 엄마의 이름도 모른다. 내가 정말 무지한 것인가? 이 글을 쓰면서 나도 나다 싶다. 왜 이렇게 관심이 없이 사는지 나 스스로 또 머리 한 대 쥐어박는다.

"아니 시은이 엄마, 저기 천사유치원이 제일 좋대. 그런데 거기는 대기가 있다네. 코로나 때문에 방문 상담도 안 되고 줌(zoom)으로 한다는데 그것도 날짜 받기도 어렵다던데?"

망했다. 우리 시은이는 어디를 보내지? 동네 엄마들은 당연히 영어유치원을 보내는 줄 알았다고 한다. 그런데 나는 시은이를 병설, 단설 또는 사립 유치원을 보낼 생각을 했다. 내가 왜 영어유치원을 보낼 생각을 하겠는가? 내가 그렇게 영어를 중요하게 외치고 다니지도 않았는데 말이다.

영어유치원의 장점을 꼽으라고 한다면 대다수 엄마의 원어민과의 소통 그리고 선생님들이 영어로 수업하는 부분을 꼽는다고 한다. 그리고 영어유치원이 가지고 있는 특별하고 강압적이지 않는 교육 환경과 커리큘럼을 좋아해서라고 한다. 주변 엄마들도 영어유치원 상담받고 와서 너무 보내고 싶은데 가격 때문에 주저한다고 하며 속상함을 내게 비추며 주말 과외를 묻곤 한다.

엄마들은 왜 영어에 집착할까? 그렇게 영어가 필요하다고 여겨진다면 왜 엄마표 영어를 집에서 직접 하지 않을까? 그들은 과연 무엇이 두려워서 주저하는 것일까?
한 엄마는 내게 직접적으로 말한다.

"나는 원어민이 아니잖아. 내 발음을 아이에게 들려줄 자신이 없어."

나도 말해주고 싶다.

"저도예요."

간단하다. 우리 단순하게 생각하자. 나 역시 대한민국 사람이다. 단지 유학을 잠시 다녀왔을 뿐이고, 영어유치원, 어학원, 영어영문학과,

TESOL 수료를 했을 뿐이다. 단지 타이틀이 있을 뿐이지 엄마이다. 똑같은 한국어를 구사하고 단지 영어라는 이중언어를 조금 더 알 뿐이지 큰 차이는 없다. 시작이 다를 뿐이지 누가 더 연습하거나 준비했느냐의 차이뿐이다.

3장에서는 실제 엄마표 영어 공부에서 사용하는 꿀팁들을 대방출할 예정이다. 그러기에 앞서 지금 나는 엄마들에게 나만의 노하우를 공개할 예정이다. 나 역시 열여덟 살에 필리핀 유학 생활을 했기 때문에 영알못이었다. 귀를 열리게 하고 입을 열리게 하는 과정이 너무 힘들었다. 그 과정을 지금부터 공개하겠다.

 **Julee's 엄마표 영어! 영알못, 영어 공부 이렇게 했다**

1. 매일 영어 관련 음악 or 영상 1시간 듣거나 보기

- CNN, Popsong, Movies.

2. 필사하기

- 성경책 필사하기(시편, 잠언), 교과서 필사하기, 명언, speech

- 필기체로 A~Z까지 쓰기

3. 원어민과 2시간 이상 대화하기

- 개인 과외 2시간 2년 이상 유지


4. 영어 책 읽기(1권을 세 번 이상 반복해서 소리 내어 읽기)

- Rich Dad Poor Dad (1년 세 번 이상 읽기)


5. 외국인들에게 문자 보내기

- 서로 다른 언어 소통하기(줄임말, 따갈로그어 배우기)

- 문화 배우기


엄마들에게 위의 5가지를 다 해보라는 것은 아니다. 내가 여기서 추천하는 것은 세 번을 제외한 모든 것이다. 할 수 있다. 우리에게는 인터넷과 SNS가 있지 않나! 자유롭게 기사를 읽을 수 있으며 구애받지 않고 핸드폰을 통해 인스타그램 또는 페이스북을 통해 전 세계 다양한 친구와 소통할 수 있다. 그들은 우리가 틀린 문법을 사용하여도 지적하거나 비웃지 않을 것이다. 걱정하지 말고 먼저 말을 걸어보도록 하자. 우리의 친구가 되어줄 것이다.


엄마부터 노력해보자. 엄마가 할 수 있다면, 우리 아이도 할 수 있다.

# 06

/

## 엄마표 영어, 실패하는 이유 3가지

엄마표 영어에 실패라는 게 있을까? 과연 그 결과가 수치로 나타날 수 있을까? 나는 시은이에게 엄마표 영어를 하면서 한 번도 실패라고 생각해본 적이 없다. 왜냐면 아직도 진행형이기 때문이다. 하지만 시은이에게는 해가 바뀔 때마다의 목표가 설정되어 있었고 그 목표를 달성하지 못했을 경우, 속도가 조금 늦어졌을 뿐 기다림이지 실패라고 생각하지 않았다. 여기서의 엄마표 영어 실패는 아이가 영어를 거부하였을 경우라고 표현하고 싶다.

엄마표 영어, 실패하는 이유 3가지(아이가 영어를 거부하는 이유 3가지)

1. 부모의 양육 유형에 따른 영향으로 자녀에게 영향을 끼쳤는가

내가 영어유치원 교사로 있었을 때의 일이다. 한 아이는 수업만 하면 쏟아지는 하품은 물론, 눈꺼풀이 너무 무거워 얼굴을 책상에 처박고는 너무 힘들어했다. 어느 날, 도저히 안 되겠다는 생각 들어 조심스레 물어보았다.

"오늘 몇 시에 일어났니?"

일방적인 대화는 어제 몇 시에 잤는지 물어보아야 하는데 나는 굳이 일어난 시간을 물어보았다. 그 이유는 그 친구는 매일 오전부터 새벽같이 일어나 하는 아침 루틴이 있다는 것을 익히 들어 알고 있었기 때문이다.

"선생님, 아시잖아요. 여섯 시에 일어나서 바둑 두고, 신문 읽고, 그러자마자 온 거예요. 그리고 방과 후 마치면 피아노에 또 과외 가요. 그러고 숙제하고 얼른 자고 내일 또 바둑 해요. 그게 일상인 걸요."

그 아이는 단지 여섯 살 아이다. 여섯 살 아이에게 6시에 일어나 바둑

이라니. 그리고 영어유치원에 와서 영어로 수업하고 영어로 소통을 하고 있다. 맙소사! 어떤 부모님일까! 이 아이는 부모님이 시키는 대로 할 뿐 어떠한 흥미도 못 느낀다고 했다. 기대 과다형 부모 밑에서 아이가 얼마나 버틸 수 있을까?

『나는 자기주도학습 전문가다!』의 저자 민철홍, 이재연 작가의 '부모의 성격 유형에 따른 학생들의 학습 유형'을 표로 만들어보았다.

| 양육 유형 | 자녀들의 학습 유형 |
|---|---|
| 권위적 | 자기주동성 부족 |
| | 열등감, 부적응감 |
| 기대 과다형 | 학습에 흥미와 열정을 느끼지 못함 |
| | 훗날 학습 포기 |
| 방임형 | 학습에 무관심 |
| | 권위에 방항하며 제멋대로 행동 |
| 익애형 | 참을성 결여 |
| | 규칙과 질서를 지키기 어려움 |

당신은 현재 어느 부모에 속하는가? 그로 인해 당신의 자녀 학습 유형은 어떤 결과를 가져오게 될 것 같은가? 모두가 일반적이지는 않으나 가능성을 가지고 있음을 알아두자.

## 2. 자녀의 성향을 고려하지 않고 가이드하였는가

아이들마다 저마다의 성향을 가지고 있다. 활달하고 적극적인 아이가 있다면, 집중력이 짧아 긴 시간 공부는 무리인 아이도 있다. 시은이의 경우 좋아하는 미술 활동이 있다면 몇 시간이고 앉아서 계속 할 수 있다. 하지만 그렇지 않다면 단 1초도 못 앉아 있는다. 이렇게 자녀의 성향을 고려하지 않고 엄마표 영어를 하였다면, 아이는 과연 어떤 결과를 가져왔을까? 엄마는 가이드, 조력자이다. 길잡이를 해줄 뿐이지 자녀의 실력을 대신해줄 수 없다. 자녀가 구체적이고 정확한 표현을 좋아한다면, 반복 능력이 뛰어나 한 번 배운 것은 쉽게 기억하고 복습 형태의 학습을 좋아하므로 단계 학습을 반복으로 하는 카드 게임, 또는 쉬운 문장 따라 말하기 등 반복적인 패턴 학습부터 흥미를 잃지 않고 꾸준히 해나갈 수 있는 것으로 가이드해준다면 아이의 이해 능력이 크게 향상될 것이다.

시은이가 네 살 때 일이다. 한참 〈겨울 왕국〉에 'Let it go' 노래가 온 세상을 뒤덮을 때, "Love is open door."이라며 사랑을 고백하는 노래 장면이 있다. 이 노래를 한 번 더 들으면 내 귀에서는 피가 날 것이다. 시은이는 반복적인 패턴 학습을 해야 하는 감각적 학습자이다. 〈센과 치히로의 행방불명〉 역시 그렇다. 한 달 내내 볼 수 있는 자신감 넘치는 부모가 있을까? 나는 했다. 시은이의 니즈를 들어주었다. 〈센과 치히로의 행방불명〉을 보며 어떻게든 영어로 비집고 들어가고자 옐로우, 핑크 돼지 꿀꿀

피그피그 하며 같이 놀았다. 그렇게 노출했다.

만약 당신의 자녀가 시은이와 반대라면, 반대로 해보면 좋겠다. 반복적인 패턴을 싫어한다면 틀에 짜인 것을 하지 말고 독창적인 활동을 추천한다. 그림책을 읽고 그 후에 일어날 일을 그림으로 표현해서 그려보기 또는 말해보기 등이 있다. 영어로 말하면 금상첨화지만 그렇지 않다면 단어로 표현해봐도 좋겠다.

### 3. 목표를 설정하지 않고 가이드하였는가

정말 이건 너무 속상하다. 무엇이든 어떠한 것을 할 때 꼭 목표가 있어야 한다. 엄마가 이 책을 읽는 이유는 무엇인가? 매 순간마다 아이와의 활동에서는 학습 목표가 있어야 한다. 그렇기 때문에 나는 꼭 집에서 시은이와의 활동 영역에서 이것을 통해 얻고자 하는 것이 무엇인지를 사전에 물어보았다. 만약 없다고 한다면, 나중에 물어보자. 활동을 마친 뒤, 없을 것이라고 생각하였는데 혹시 얻은 것이 있는지. 그것 또한 아이에게 큰 깨달음이 될 것이다.

이러한 과정이 패턴화되고 습관화되어 아이의 4 Skills가 골고루 발달하게 된다면 스피치, 토론 영역에서 큰 두각을 나타낼 수 있게 될 것이다. 자기 생각을 스스로 표현하는 아이! 엄마표 영어에서는 하나의 쉬운 열매이다!

엄마! 마음 비우면~ 그 자리에 하나씩, 하나씩, 채워집니다!

자식에 대한 기대도, 영어에 대한 기대도 많이 내려놓으세요~

# 07

/

## 엄마표 영어는 안내와 인내가 전부다

"신이, 내 마음대로 되지 않는 것이 있다는 것을 알려주려고 자식을 주었다."

— 〈스카이캐슬〉 중에서

대한민국에 사는 부모라면 해당 드라마를 잠시라도 본 적이 있을 것이다. 정말 내 인생에서 이렇게 짜릿한 드라마는 없었다. 장르는 다양하지만 현실판 대한민국의 학부모들을 콕 짚어 표현해준 드라마 같았다. 정말 고작 6살 아이가 있는 나지만, 저 대사에 깊이 공감하는 걸 보면 내 마음대로 되지 않는 것이 자식인 것 같다. 밥 먹으라고 이쁘게 말하면 듣지를 않는다. 소리를 고래고래 질러야 온다. 처음부터 이러지는 않았다. 시은이에게 밥 먹자고 부르면 바로 달려오던 아이였다. 어느 순간, 가고 있다며 말한 뒤 침대에서 떨어지지 않는 아이가 돼버렸다. 무엇이 우리 아이를 이렇게 달라지게 한 것일까? 〈스카이캐슬〉 드라마를 최근에 다시 보기 시작했다. 역시나, 나도 엄마인가 보다. 그녀들의 마음을 이해하기 시작했다. 자녀를 생각하는 마음이 그렇다. 그녀들은 왜 그 강사를 찾을 수밖에 없었을까.

아이에게 조금 더 나은 환경을 제공하고자 엄마들은 오늘도 남들보다 먼저 찾아 나선다. 엄마들은 자기 자녀에게 항상 더 빨리 가르쳐주고 싶어 한다. 그러기 위해 해외직구를 해서라도 좋은 책, 좋은 교구를 구입하고 또 아무리 비싸도 자녀를 위해 산다. 오늘날 우리 엄마들의 모습이다.

그런데 이렇게 해서 준비한 것들이 실제로 아이에게 적용했을 때, 아이가 잘 따라와주는지도 봐야 한다. 다음 장에서 안내하겠지만, 아이의 성향과 흥미에 맞추어 엄마의 안내와 준비가 필요한데 엄마의 욕심에 의해 모든 것을 준비한다면 전부 소용없어진다. 내 아이에게 맞는 콘텐츠 그리고 학습 프로그램, 과외 선생님, 엄마표 영어 놀이 등 내 아이에게 맞는 최적화된 학습 방법은 엄마의 기준에서 시작되는 것이 아니다. 바로 아이로부터 시작되어야 한다.

그렇다면 어떤 것들을 고려해야 할까?

## 엄마표 영어는 내 아이에게 맞는 책을 잘 골라야 한다

엄마의 욕심에 전집을 사는 것은 정말 무모하다. 아이가 좋아하는 관심사부터 알아야 한다. 아이의 관심 카테고리 장르를 먼저 파악한 후, 모국어책, 영어책, 그림책 상관없이 아이에게 노출해주자. 책 읽는 습관을 길러주는 부모만큼 훌륭한 부모는 없을 것이다.

어렸을 때의 책 읽는 습관으로 배경지식과 함께 아이의 읽는 속도는 점점 빨라질 것이다. 또한 발음이 유창해짐을 스스로 느낄 것이다. 모르는 단어 또한 앞뒤 상황이나 문맥을 통해 유추할 수 있고 막힘 없이 계속해서 읽어나갈 수 있게 된다. 문법 수업을 듣고 억지로 단어를 외웠던 학생보다 스스로 책을 읽었던 학생들이 시험 점수가 높게 나온 사례를 스티븐 크라센(Stephen Krashen)은 강조했다.

## 정독 vs. 다독 코칭을 명확하게 해주자

리딩의 핵심은 정독과 다독을 통해 편식하지 않는 독서의 습관을 기르고 아웃풋을 내는 것이다. 엄마들은 다독만을 생각하고 있는데, 정독 또한 필요다. 상황에 맞게 아이들을 안내해주어야 한다. 그럼 정독과 다독의 차이를 명확하게 알아보자.

정독의 경우 어떤 목적이나 목표가 있어서 정확하게 읽기 위하여 있는 것이다. 영어 공부를 위하여 읽는다고 가정할 경우, 핵심은 단어와 발음에 있다. 정확하고 명확하게 읽어서 단어와 발음을 바르게 표현해주고 속도도 조금 천천히 읽어주는 것이 좋다. 그리고 정독이기 때문에 처음부터 끝까지 꼼꼼하게 모르는 부분은 사전을 활용하면서 꼼꼼하게 읽어주는 것을 추천한다.

이와 반대로 다독의 경우, 능숙하게 읽고 자연스럽게 읽기 위함을 목표로 하므로 정보 습득을 목적으로 한다. 선택적으로 사전을 활용하는 것을 추천하며 여기에서 핵심은 책이 표현하고자 하는 의미를 파악하면 된다. 정보 습득에 있다. 다독을 통해 학생들은 흥미롭고 다양한 내용을 많이 습득하게 되어 영어 습득하는 것에 조금 더 도움을 얻게 될 것이다.

## 변수가 생길 때를 대비하자

모든 아이가 내 마음 같지 않다. 열심히 해줄 것 같던 아이지만 잠시 멈춤이 생기기 마련이다. 이때는 신나게 놀면 된다. 엄마표 영어이지 않나! 오로지 엄마표 영어에서만 할 수 있는 매력! 쉬운 엄마표 영어 놀이로 풀어주자! 예를 들어, 아이가 책 읽기를 거부한다면, 뮤지컬로 대체해도 좋다. 요즘은 책과 연계된 뮤지컬도 많다. 나중에 ELT 레벨 추천 책 부분에서 확인할 수 있다. 시은이의 경우 책에 대해 멈춤이 있었을 때 유튜브와 넷플릭스를 많이 활용하였다. 넷플릭스도 한국어 버전이 지원되지 않는 만화도 곧잘 소화하였다. 〈보스 베이비〉를 볼 때 한국어가 지원되지 않았는데 정말 처음부터 끝까지 재미있게 함께 보았다. 여기에서 웃겼던 포인트는, 한국어 자막을 틀어놓고 나는 즐기고 보았다. 시은이가 이해를 한 건지 물어보았는데 엄마가 웃을 때 따라 웃는 건지 웃으면서 말하기를, "엄마, 나도 알 건 안다고." 말하며 키득거리던 것을 기억한다. 변수가 생길 때를 대비하여 놀 수 있는 다양한 놀이는 현재 운영하는 네이버 카페와 블로그에도 자료들을 계속해서 업로드하고 있다. 꼭 가서 확인해보기 바란다.

무엇이든 처음과 끝이 중요하다. 그리고 그 과정 안에서 많은 에피소드가 있기 마련이다. 어머니는 그 누구보다도 강하다고 믿어 의심치 않는다. 자녀들에게 잘 안내하기 전에 어머니에게는 한 가지 더 필요한 점이 있다. 바로 인내이다. 열심히 준비했지만, 인내가 빠지면 결국 공든 탑이 무너질 수 있다. 열심히 준비한 것을 아이가 달성하지 못했다고 해서 무너트릴 수 있겠는가? 사람이 하는 일이다. 그리고 아이마다의 속도는 다르다. 다름을 인정해주고 아이의 노력을 인정해주자.

"큰 사람은 어떤 시련에도 아랑곳하지 않고, 한 길로 정진하고 전진하여 결국엔 천하에 이름을 떨칩니다. 하지만 작은 사람은 작은 시련에도 운명을 탓하며 하늘을 원망하다가 더욱더 곤궁함에 빠지게 됩니다. 절제를 엄중히 지키면서 때를 기다려야 합니다."

— 미즈노 남보쿠, 『운명을 만드는 절제의 성공학』

## 3장

# 영어책 읽어주기,
# 매일 30분만 해보자

# 01

/

## 진짜 공부 vs. 가짜 공부

"부의 격차보다 무서운 것은 꿈의 격차다. 불가능해 보이는 목표라 할지라도 그것을 꿈꾸고 상상하는 순간 이미 거기에 다가가 있는 셈이다."

– 에이브러햄 링컨

햇볕이 유난히도 뜨거웠던 어느 날, 나와 친구들은 큰 나무 주변에 모여 앉아 쉼을 즐기고 있었다. 마닐라(Manila)에서도 깊숙이 들어간 앙고노(Angono) 리잘(Rizal)에 위치한 세인트 마틴 몬테소리 고등학교(St. Martin Montessori Hight School) 4학년 2학기를 남긴 시점이었다.

친구들과 신나게 놀고 있는 나에게 제이미(Jamie)가 다가와 말을 걸었다. 하지만 그 말은 따갈리시라는, 따갈로그와 영어를 혼용한 말로 내가 이해할 수 없는 언어였다. 그 말을 들은 친구들의 표정이 굳었고 나는 아무렇지도 않게 무슨 뜻인지 되물었다. 그 친구는 아니라며, 이쁘다고 말하며 웃어주곤 지나갔다. 그런데 그 웃음이 나의 신경을 이상하게 자극했다. 무엇인지 기분이 이상했다. 그때, 에이미(Amy)가 신경 쓰지 말라는 말투로 내게 말해주었다. 그녀는 상당히 쿨한 친구였다.

"줄리야, 너보고 미친 개래. 신경 쓰지마, 쟤는 원래 저런 아이니까…."

그때 나의 체감온도는 느낌상 100도를 넘어섰다. 말이 안 되는 수치였다. 나는 AB형으로 자극을 받으면 맞서는 사람이다. 하, 어떻게 복수하지? 무엇으로 저 친구의 코를 납작하게 해줄까? 내가 찾아낸 답은 바로 성적이었다. 그렇게 나는 상위 20등 안에 드는 우수한 성적으로 학교를 졸업했다. 그 친구는 대학교라도 들어갔는지 모르겠다.

목표! 내가 말하고자 하는 건 이거다! 이전까지는 나에겐 목표가 없었다. 부모님이 나의 의지와 상관없이 유학을 보냈으니 그저 시간의 흐름에만 나를 맡겼다. 그래서 누가 말을 걸면 웃기만 했다. 과외를 받으면 예스(yes), 노(no)라는 단순 대답만 했다. 단지, 오래 살면 귀가 열리겠지

하며 유학 시절을 보냈다.

나는 가짜 공부를 하고 있었던 셈이다. 그렇게 6개월 동안 나의 영어 실력은 제자리였다. 영어 실력보다 현지어, 즉 따갈로그어 실력만 더 늘어났다. 더 중요한 문제는 나의 안일한 마인드였다. 목표가 없으니, 매일 한국에 들어가고 싶은 마음만 가득했다.

만약, 그 친구가 나를 자극하지 않았다면, 내가 대학교에 들어갈 수 있었을까? 초기에 목표를 설정하고 시작하지 않는다면 방향을 알 수 없다. 그 때문에 어디로 가야 할지 알 수 없다. 어디까지 가야 하며, 어떤 방법으로 해야 하는지 모르게 된다. 영어가 아무리 언어라고 하더라도, 듣기에서 멈출 것인지, 아니면 듣고 말하고 읽고 쓰고 자유롭게 소통하는 부분까지 공부할 것인지, 목표를 명확하게 설정해야 한다. 그러니 여러분도 지금 목표를 바로 설정해보자.

목표 설정을 마쳤는가. 그러면 이제 정말 영어를 알아가는 첫걸음, 영알못이 어떻게 영어를 습득하고 또 우리 아이에게도 노출했는지 공부법을 소개하겠다.

"독서는 언어를 배우기 위한 최상의 방법이 아니다. 유일한 방법이다."

『크라센의 읽기 혁명』의 저자 스티븐 크라센(Stephen Krashen) 언어

학자가 알려주는 언어 학습의 지름길 중 한 가지이다. 이 구절은 정말 나에게 큰 울림을 주었다. 나는 이 부분에서 한동안 멈추어 있었다.

이는 영어 교육의 방향을 제시하며, 읽기를 통해 영어의 네 가지 영역이 발달할 수 있다는 것을 구체적인 증거를 들어 보여준다. 그런데 여기서 중요하게 짚어주는 것은 자발적인 읽기의 힘이다. 그러려면 읽기를 습관화하는 것이 중요하다는 것이다. 나아가 중요한 것은, 습관화하기 위한, 아이의 성향에 맞는 책 선정이다! 레벨에 맞는 책 선정은 너무 진부한 이야기다. 이것은 4장에서 충분히 안내할 예정이니 지금은 습관화에 대해서만 말하겠다.

독서를 습관화하려면, 준비 과정부터 달라야 한다. 그림이 들어간 책을 좋아하는지, 글밥이 많은 책을 좋아하는지, 아니면 소리 나는 책 혹은 움직임이 들어 있는 책을 좋아하는지 등, 아이의 성향을 먼저 파악해야 한다. 무엇이든 아이가 흥미, 관심을 가져야 그다음을 진행하기가 수월하다. 이는 편식하지 않는 독서를 위함이다.

그러려면 영역별로 골고루 읽는 훈련이 필요하다. 먼저 책 읽기에 대한 거부반응을 없애기 위해 책 읽기를 엄마와 함께하는 놀이로 인지하게 해야 한다. 나는 시은이를 위해 책 전집을 샀으나 결국은 매주 토요일 교보문고에 가서 시은이를 쫓아다녀야 했다. 이런 시행착오도 마다하지 않아야 한다. 그 후, 엄마의 준비 과정이 필요하다. 이쯤이면 엄마는 이미 프로다! 엄마의 준비 과정을 알아보자.

## Julee's 엄마표 영어! 이렇게 하면 성공 못한 이유 없다!

**엄마는 프로 독서 조력자**

1. 목표 설정 : 책을 통해 무엇을 알고 싶은지 아이에게 물어보자. 자기주도학습이어야 하니까! 만약 목표가 없다고 하면 목표 없음이라 적고 공란으로 두어도 된다.

2. 질문하기 : 아이에게 동기유발 질문하기(그림을 보고 떠오르는 단어, 색깔, 동물, 연상 단어 물어보기)

3. 읽기: 소리 내어 읽어보기

4. 기억하기 : 기억에 남는 그림, 장면, 색깔, 감정 등을 나누기

5. 교훈(Moral Lesson) : 책이 준 교훈이나 느낀 점 나누기(목표를 달성했는지 나누기)

6. Activity Sheet : 앞의 내용을 기재한 종이를 파일화하기(부록에서 참고)

원작과 함께하는 어린 왕자 컬러링북 　　　　Activity Sheet_자유 그림 그리기

　위의 자료들은, 실제로 강사, 과외를 하던 시절 학생들에게 접목했었다. 그리고 현재는 나 자신에게 적용하고 있다. 현재도 워킹맘으로서 본업은 MD이지만, 책을 쓰기 위해 〈한책협〉에서 코칭을 받았다.

　내가 처음부터 글을 쓰려고 한 것은 아니다. 아이를 키우며 아이가 천천히 영어를 체화하는 과정을 보다 보니 자신감이 생겼다. 이렇게 쉽게 아이가 영어를 즐기고 있는데 이것을 알릴 방법은 없을까? 영알못이었던 나도 했는데…. 다른 엄마들도 할 수 있다는 희망의 메시지를 주고 싶었다. 그러다 생각해낸 것이 바로 책을 쓰자는 것이었다.

　'내가 과연 책을 쓸 수 있을까?' 무심코 검색한 '책 쓰는 방법'. 너무나도 간절했던 만큼 새벽 3시에 나는 네이버 한 카페에 자기소개 글을 올렸다. 그런데 그곳은 무엇인가 끓어오르는 긍정 에너지가 달랐다. 그 카페 이름은 〈한국책쓰기강사양성협회(이하 한책협)〉였다.

그곳에서 나는 처음 김태광 대표코치를 만났다. 김태광 대표코치는 25년 동안 300권의 책을 집필했다. 그리고 12년 동안 1,200명의 평범한 사람들을 3~4주 만에 작가로 만들었다. 그야말로 책 쓰기 분야 최고의 코치였다.

나는 그의 책들 중 『더 세븐 시크릿』, 『1년에 10권도 읽지 않던 김대리는 어떻게 1개월 만에 작가가 됐을까』를 읽었다. 그의 유튜브 채널 〈한국책쓰기강사양성협회 TV〉에 올라와 있는 책 쓰기와 1인 창업에 관한 영상들을 보면서 '나도 할 수 있다!'라는 굳은 믿음이 생겼다. 나는 바로 글쓰기 과정에 등록했다.


글쓰기 과정을 통해 나는 책 읽기와 글의 힘을 다시 한 번 깨달았다. 그 과정 중 단, 20일 만에 출판사와의 계약이라는 큰 열매를 맺게 되었다. 내 인생에서 최고로 짜릿하고도 빠른 결과였다. 나는 단언컨대, 노력형이다. 단기 기억이 그리 좋지 못한 노력형. 그래서 체험과 경험을 중요하게 생각한다. 그런데 20일 만에 출판사와의 계약이라니!

이런 성과의 기본 바탕은 책! 바로 독서다. 내가 엄마들에게 강력하게 독서를 습관화하라고 언급하는 이유다. 나도 하루에 한 권 읽는 것이 힘

들었던 사람이다. 하지만 이제는 하루에 두세 권을 읽으며 삶의 활력소
로 삼고 있다. 그러니 우리 아이들뿐만 아니라 엄마들도 할 수 있다.

〈한책협〉의 김태광 대표코치는 내게 특별한 메시지를 주었다. 생각이
너무 많으니, '심플하게 생각하라'였다. 그리고 '모든 것에 감사한 마음을
가져라'였다.

"학생이 준비해 왔을 때 선생님이 때마침 나타나듯, 받아들이는 사람
이 준비되어야 비로소 줄 사람이 나타납니다."

내가 좋아하는 책의 한 문구다. 난 늘 이 문구를 되새기며 김태광 대표
코치를 생각한다. 내가 준비되어 있어야 한다. 그렇게 받을 준비가 된 자
가 되라며 계속해서 인풋을 주며 독서 MBA 과정까지 밟을 수 있게 지도
해주었다.

독서 노트, Activity Sheet 등의 자료를 미리 만들어 그때마다 파일로
보관한다면, 이것이 아이비리그에 갈 때 자료로 사용될 수 있을 것이다.
시간을 더욱 단축하며 아이와 행복한 독서 시간을 가질 수 있을 것이다.
훗날, 이런 것들이 쌓여 영어 말하기 대회, 디베이트 등에 참여하는 다양
한 아웃풋의 열매를 맺을 것이다. 매일 진행하는 것이 힘들다면 주 2회는
영어로, 3회는 한국어로 다양하게 시도해볼 것을 추천한다.

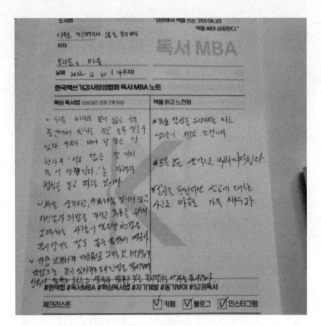

〈한책협〉의 MBA 독서 노트

# 02

/

## 왜 그 집 아이들은 책 읽기를 좋아할까?

"네 대표님! 그렇게 일정 맞춰 배송 준비하도록 하겠습니다. 잘 부탁드 립니다."

오늘도 일정을 잡았다. 현재 이커머스 MD로 일하고 있는 워킹맘인 나 는 오늘도 셀러의 일정을 잡은 것으로 하루 업무를 시작한다. 참으로 부 러운 일이다. 인스타그램을 보면서 신규 셀러와 계약하는 것이 하나의 업무인데 그때마다 느끼는 부분이다. 요즘은 자녀 교육에 정말 돈을 아 끼지 않는다는 것이다. 거실에는 큰 테이블과 함께 큰 책장이 있다. 그곳에는 빼곡하게 다양한 카테고리의 전집들이 보인다. 인스타그램 사진들마다 다양한 책과 교구들이 있다. 그리고 아이들의 행복한 웃음이 가득한 사진과 함께 추억이 있다. 정말 축복받은 가정 속에 자라난 아이들 같다. 해당 셀러의 아이들은 영어유치원을 다니는 것 같은데 동영상 속에서 보니 꽤 영어 실력이 좋아 보인다. 역시나 부모님의 관심도 한몫하는 것 같다. 일정 잡힌 제품도 교육 관련 상품이었으니 나름 그렇게 유추해 보았다.

거실에 촘촘하게 가득 찬 아이들의 다양한 책들. 그리고 한국어, 영어 구분하지 않고 부모님들의 책들 또한 한쪽에 빽빽하게 꽂혀 있었다. 나는 그때 느낄 수 있었다. '이것이 바로 가정 안에서부터 이루어지는 리얼 홈스쿨링이구나!' 내가 결혼하고 아이를 낳으면 꼭 그렇게 거실을 꾸미겠다고 다짐한 적이 있다. 그렇게 아이를 낳기 전에 전집을 구매하고 작은 플레이 존(Play Zone)이라고 공간을 만들어보았지만, 어느덧 거실은 TV를 보는 공간으로 바뀌어 있었다. 부모의 의지일까? 다시 나를 돌아보게 했다. 책을 좋아하는 아이들의 특징이 궁금하다며 학부모님들이 문의하셨을 때, 나는 정말 기계적으로 상담했던 것이 문득 떠올랐다.

"어머님, 항상 노출해주는 것 잊지 마세요. 책은 보이는 곳에 꼭 놓아주세요. 거실, 화장실, 식사하는 공간 등 아이들 눈에 보이는 곳에 놓아주면 아이들이 그 책에 흥미를 갖게 된답니다. 그리고 놓아두는 책 또한 아이들이 좋아하고 관심 있어 하는 주제와 관련된 것으로 표지를 딱 보이게 해주세요."

나 자신이 몹시 부끄러웠다. 그렇게 지식으로 배운 것을 왜 노하우처럼 사용하지 못하고 있는 것일까. 어쩌면, 포기한 것은 아닐까? 시은이가 영어를 거부했던 그 짧은 시기가 떠올라 엄두도 못 내고 있었다. 그렇다고 책을 거실에서 다 치울 필요까지는 없었는데. 너무나도 속상했다. 나는 이날 집으로 돌아가 다시 거실에 책을 하나씩 꺼내오기 시작했다. 그리고 함께 자는 공간에도 책을 비치해두기 시작했다. 자기 전에만 읽고 특정 시간에만 읽는 것이 무슨 소용 있단 말인가! 습관을 만들어주자는 것으로 다시 생각을 바꾸었다.

자연스럽게 책을 접할 수 있는 환경이야말로 아이들의 모국어 실력과 배경지식을 확장하는 데 큰 영향을 준다. 학원 강사였을 때, 한 학생이 했던 말이 생각난다. 그 아이는 매주 온 가족이 공통된 도서를 읽고 금요일 저녁 식사마다 식사 테이블에서 토론한다는 것이다. 독서 토론을 하는 가족 분위기! 너무 멋지지 않은가. 가족의 문화는 부모님의 의지에서부터 시작된다. 그리고 그것을 어렸을 때부터 노출하여 아이들에게 책 읽기가 습관화된다면 당연히 다른 아이들과의 책을 대하는 태도부터가 다를 것이다.

아이들은 부모를 통해 배운다. 어떤 부모들은 아이가 자리에 앉아서 또는 정자세로 책 읽기를 원한다. 이것 또한 부모로부터 보고 배우는 것이 아닐까. 자녀 교육의 가치관은 서로가 다르다. 나는 시은이를 정자세로 앉아서 책을 읽도록 지도하지 않았다. 자유로운 자세로 책을 읽도록 했다. 책의 내용과 주제에 따라 책을 읽는 위치와 자세가 변경되었다. 읽다가 그림을 그리고 싶으면 그림을 그릴 수 있도록 도와주었다. 정말 너무 다양한 경우가 생겼다. 시은이의 요구를 그때마다 들어주었다. 책에 대한 흥미를 갖게 해주기 위한 노력이었다. 그리고 나 역시 책에 필요한 내용을 적거나 필사하는 것을 좋아하기 때문에 나의 책 습관이 시은이에게 전달되기를 바랐다. 모국어가 튼튼한 아이가 다양한 배경지식이 쌓이고 이 배경지식이 이중언어를 습득하는 데 큰 도움이 되는 것을 누구보다 잘 알고 있었기 때문이다.

유난히도 책을 좋아하는 전 회사 동료가 있었다. 그 동료에게 어떻게 일주일에 그렇게 많은 책을 읽을 수 있는지 물어보았다. 나의 경우, 책은 도움이 필요할 때 읽는 도구였다. 나는 항상 자격지심이 있었다. 나의 정보통신망은 인터넷, 사람 그리고 책이었다. 나에게 필요한 정보들이 있다면 무조건 책을 구매해서 정보를 얻으려는 습관이 있었고 나는 그래서 책 읽는 것을 습관화할 수 있었다. 내가 책을 읽을 때는 목표가 있었던 것이다. 그런데 이 회사 동료는 장르가 너무나도 다양했다. 소설, 경영, 시, 상상을 할 수 없었다. 그 친구가 웃으면서 이야기했다.

"어렸을 때부터, 어머니랑 도서관을 자주 다녔어요. 그래서 책 읽는 것이 습관이 되었어요. 하루에 한 권을 읽어야 일과를 마친 것 같아요. 그리고 때로는 좋아하는 작가의 신작이 나오면 그것을 꼭 읽어야 하는 목적도 있고요. 너무 재미있거든요."

나는 전 회사 동료의 어머니가 너무나도 존경스러웠다. 내가 하지 못했던 어렸을 때의 추억. 모든 것이 부러웠다. 이 한마디가 나에게 큰 감동을 주었다. 책을 읽어야 하는 목적과 함께 어렸을 때부터 읽었던 습관이 지금의 자신을 만들었다는 내용. 그것이 그녀를 이렇게 빠르게 회사 안에서 중심 역할을 할 수 있게 만든 이유가 아닐까!

다독하는 아이들에게 공통점이 있다. 이 친구들은 하나같이 모국어와 새로운 언어에 대한 두려움이 없다는 것이다. 토론에 강했다. 자신의 의견을 표현할 때 명확하게 전달하며, 경청 또한 너무나도 완벽했다. 그렇다면 이들은 어떻게 다독을 하게 되었을까!

그것은 바로 가정에서부터이다. 거실에 촘촘하게 장르를 구분하지 않고 가득 찬 책들과 부모로부터 보고 배워온 책을 읽는 방법 그리고 읽어야 하는 이유와 목표! 이것들이 명확하기 때문이다.

"책은 조용하면서도 한결같은 친구이자 언제나 만날 수 있는 현명한 안내자이며 인내심이 아주 강한 선생님이다."

– 찰스 엘리엇, 미국의 교육자

# 03

/

# 영어책 읽어주기의 골든타임

똑같은 온라인 영어 숙제를 내어도 학생들마다 해오는 방법은 가지각색이다. 한번은 내가 학원 강사였을 때 있었던 일이다. 처음으로 온라인 학습이 도입되어 학생들에게 과제를 부여하게 되었다. 학생들에게 리스닝(Listening)과 스피킹(Speaking) 숙제로 올드팝송과 관련된 것을 내주었다. '레몬트리(Lemon Tree)'라는 곡으로 주 3회 리스닝 스피킹을 내었다. 문단을 나누어 내주었기 때문에 일주일에 한 곡 정도는 무난하게 소화할 줄 알았다. 그런데 이것은 나의 큰 착각이었다. 다음 주 월요일, 출근하고 온라인 학습센터인 ELSD에 접속하자마자 아이들이 보내온 개인

쪽지와 숙제 내용을 확인했을 때 나는 웃음을 멈출 수가 없었다. 먼저, 아이들의 스피킹 학습의 경우, 녹음을 확인할 수 있는데 문단마다의 녹음을 제대로 한 학생이 있는 반면, 아예 숙제를 제출하지 않은 학생들도 있었다. 어떤 학생은 쪽지를 보내어 헤드셋이 없어 온라인 학습을 할 수가 없었다며 죄송하다고 남기기까지 했다. 너무나도 귀여웠다. 첫날이니 아이들에게 적응 시간이 필요하겠다 싶어 수업에 들어가 온라인 학습하는 방법을 알려주었고 그다음에는 교재와 연계된 숙제를 내주었다. 빌드앤그로우에 리딩 본문 지문이었다. 리스닝과 스피킹 학습으로 동일하게 문단을 나누어서 주 3회 숙제를 내주었다. 아이들마다 숙제의 제출 속도는 달랐다. 일주일이라는 제출 기간을 주었지만, 당일 숙제를 제출하는 학생도 있었고 마지막 날이 되어서야 몰아서 하는 학생도 있었다. 하나도 제출하지 않는 학생도 있었다.

이유가 궁금했다. 학생에게 물어보았을 때는 컴퓨터가 고장 났다고 하였고 부모님과 상담 전화를 통해서는 학생의 말이 거짓이라는 것을 알게 되었다. 그래서 부모님의 허락하에 남아서 매주 금요일마다 온라인 숙제를 학원에서 마쳐야 집에 귀가하도록 나머지 공부를 지도했다. 누가 시키지 않는 자발적인 추가 지도였다. 나는 아이들이 녹음한 것들을 다운받아서 모두 저장해두었고 1회차와 7회차 그리고 14회차 분의 차이를 비교해보았다. 차이는 확연하게 드러났다. 여기서 나는 노력의 성과를 확실하게 알게 되었다.

어린 시절에 영어를 배운 아이들과 계속해서 영어를 습득한 친구들. 물론 아이들 사이에 갭은 있다. 하지만, 우리가 말하는 엄마표 영어는 모든 것이 완벽한 것을 말하는 것이 아니다. 영어도 언어이다. 그리고 언어에는 방언이 존재하듯이 아이들만의 톤이나 서로 다른 억양들은 크게 개의치 않아도 된다. 학원 강사였을 때의 경험을 통해 나는 언어 공부에 대한 골든타임이 정확하게 정해져 있지 않다는 것을 몸으로 깨달았다. 물론 무엇이든 빨리 시작하는 것이 맞다. 그리고 좋다. 그리고 이런 것들은 이미 학자들의 다양한 논문들을 통해 증명되어 있다. 하지만 어떻게 그것들을 일반화할 수 있단 말인가.

개인적으로는 경험을 통해 이렇게 생각하는 또 다른 이유는 나 스스로가 증명해냈기 때문이다. 아웃풋이 나오는 시간의 차이라는 것을 말이다. 그리고 아웃풋이라는 것 또한 우리가 표현할 때 구분 지어볼 필요가 있다. 이해(Comprehension)의 아웃풋인 리스닝(Listening)과 리딩(Reading)이 있고 표현(Production)할 때의 스피킹(Speaking)과 라이팅(Writing)이 있다.

나는 열여덟 살 때 말 그대로 영알못 소녀였다. 그런 영알못이 낯선 곳 필리핀에 유학 가서 의미 없는 일 년이라는 세월을 흘려보냈다. 그러던 중 필리핀 현지인 친구의 놀림 대상이 된 후에 자극받아 열심히 공부하게 되었다. 그 사건과 더불어 집안의 어려움을 알게 되어, 목표가 명확해졌다. 빠르게 졸업 후 내 미래를 스스로 개척하겠다는…. 그렇게 나는 결국 대학교 전액 장학금을 받게 되었고 다른 동기보다 빠르게 졸업하게 되었다. 열여덟 살이었을 때는 영어로 자기소개를 하라고 할 때, 고개를 숙이고 취미만 말할 수 있었던 나였다. 하지만 목표가 생기고 매일 노력하고 또 노력하니 달라졌다.

"하나님, 제발요. 나를 무시했던 저 친구보다 월등히 높은 점수로 졸업할 수 있게 해주세요. 그리고 보란 듯이 대학교도 좋은 대학교 가게 해주시고, 더욱 제가 빛나게 해주세요."

아직도 기억한다. 나의 기도는 너무나도 간절했다. 그때의 그 친구의 놀림. 나보다 나이 어린 녀석이 영어, 따갈로그어를 모른다는 이유 하나로 나를 비웃던 그 친구의 얼굴. 모든 것이 나에게는 동기부여가 되었다.

물론, 연구 및 언어학자들에 따르면 모국어 습득 및 이중언어 습득에 대한 부분을 함께 적용했는데 이것에 대한 최적화 시기는 사춘기 이전이라고 주장한다. 조금 더 넓게 표현하자면 아동이 성인보다는 언어 학습에서 우수하다고 한다. 그러므로 내가 이에 해당하여서 기회가 있었다고 생각한다. 그 이유는 어머니 또한 1년 이상 필리핀에 있었지만, 영어보다는 따갈로그어를 더 많이 습득하였다. 그 이유인즉, 집에 거주하는 시간이 외부 활동보다 더 많았기 때문이다. 그리고 그 당시 나이도 성인조차

훌쩍 넘긴 나이에 해당하였다. 어머니께서 늘 말씀하셨던 것이 떠오른다. "돌아서면 잊어버리는 내 나이 되어보거라."

그렇다면, 몇 살부터 영어책 읽기를 시작하면 좋을까? 0~3세를 기준으로 볼 때 인풋에 대한 거부감이 없기 때문에 좋다고 생각할 수 있다. 어릴 때일수록 시작하면 좋다고 생각한다. 엄마가 영어를 읽어주면 목소리를 그대로 흡수하기 때문이다. 아이와 눈을 마주치면서 교감하고 얼마나 아름다운가. 다만 자아가 형성되기 전 시기이기 때문에 그대로 흡수하여 영어를 친숙하게 느낄 확률이 높다는 것이지 전부가 좋다는 것은 아니다. 시은의 경우는 그렇지 않았기 때문이다. 시은의 경우, 만 1세가 되기 전에 노출했다가 본인이 강력하게 거부하였다. 꽃이 그려진 카드를 보여주며 'flower'라고 말해주는 엄마와의 마찰. 시은이는 아니야 노 노 노(no no no) 당당하게 말하였고 꽃이라고 말하였다. 그래서 나는 바로 모국어로 방향을 바꾸었다. 그렇다고 영어 노출을 포기하지 않고 낱말카드를 통한 노출만 내려놓았다.

내가 말하고자 하는 것은 모국어가 탄탄한 친구들의 사례이다. 배경지식이 있고 없고는 그 이후의 이야기이다. 우선은 모국어가 어느 정도 베이스로 쌓여 있는 상황에서 영어책을 읽어준다면 아이는 아 이 단어가 모국어로는 이렇게 해석이 되는구나 하고 바로 스위칭 될 것이다. 아이는 3세가 지나면서 자아가 점점 강해진다. 그 전후에는 모국어를 바탕으로 자신이 영어를 알아듣고 있는지 아닌지에 대하여 바로 확인할 수 있다. 최적의 시기를 따진다면 노출하기에 조금 더 편리한 0~3세를 추천하는 이유가 그래서일 수 있다. 하지만 내가 추천하는 최적기란 아이의 성향에 따라 다르므로 표현할 때 조심해야 한다. 나의 아이의 경험을 바탕으로 볼 때, 이를수록 좋으며, 어느 시기라도 늦지 않았다. 다만, 아이가 모국어를 인지할 나이에 노출이 되고 있다면 속도를 더욱 낼 수 있다는 것은 분명하다. 즉, 모국어가 탄탄하고 특히, 읽을 수 있는 나이라면 꼭, 영어책 읽기를 해주면 좋겠다.

"객관적인 시선을 형성하기 위해서는 자신이 내린 결론의 정반대 결론을 받아들여야 한다."
– 송현석, 『위험한 관계학』

늦었다고 생각하지 말고 언제든지 시작하면 된다. 한글을 읽기 시작한 나이라면 딱 좋다. 그리고 7세를 넘겼다면, 그 나이 또한 이른 시기라고 생각한다. 천천히 준비하면 된다. 영어책 읽기는 꾸준하게 읽어주는 습관이 중요하다. 그리고 쌓이는 양과 함께 아이의 배경지식이 쌓여서 먼 훗날 아웃풋으로 나오는 과정 중 하나이기 때문에 미래를 생각하면서 준비하면 된다. 오늘부터 시작하면 되므로 조급해하지 말자.

# 04

/

## 우리 아이가 좋아하는 책 고르는 법

"여보! 일어나 봐. 두 줄이야!!! 두 줄!!!"

더운 햇볕이 내리쬐는 5월 유난히도 그날, 우리는 설렜다. 느낌이 이상해서 혹시 모르니 임신테스트기를 하였는데 두 줄이었다. 새벽 3시에 들어온 남편을 깨웠다. 나보다 한 살 연하인 남편. 대구에서 나랑 결혼하겠다고 대전으로 상경한 남편. 친구 하나 없이 대전으로 올라와 한남대 앞에 피자 치킨집을 차렸다. 하지만 마음처럼 장사는 쉽지 않았다. 아침 11시부터 새벽 2시까지 아르바이트생 한 명과 함께 지키는 외로운 싸움. 그런 우리에게 찾아온 사랑스러운 딸 시은이었다. 그런 시은이에게는 하늘에 별도 따다 줄 만큼 모든 것을 다 해주고 싶었다. 시은이를 위해 베이비 페어, 도서 박람회 등 모든 페어는 다 참여했다. 경상도 사나이, 키 189cm 남편도 양손 가득 짐을 들면서 나를 따라다녔다. 우리 부부는 자녀를 위해서라면 필요하다는 것은 아끼지 않았다. 초보 엄마 아빠는 그렇게 태어날 아이를 위해 준비했다. 그중, 나에게 제일 뿌듯했던 것은 바로 블루래빗의 돌잡이 전집이었다. 책에 대한 중요성을 누구보다도 잘 알고 있었기에 마냥 행복했다. 솔직히 말하면, 그때 당시 우리 형편에 전집을 사줄 형편이 아니었다. 자녀를 위해 그 돈을 지출하는 모습에 나 스스로 너무 놀라웠다. 남편 역시 시은이에게만큼은 중고를 구매하지 말자며 사고 싶은 것은 다 사라고 말해서 너무 든든했다.

시은이 방을 미리 꾸몄고 그곳에 전집이 가득 있으니 내 마음이 너무나도 풍요로웠다. 아마 엄마들은 알 것이다. 이 얼마나 쓸데없는 짓인지. 아무것도 모르는 초보 엄마였던 나는 마냥 행복한 만삭 시기를 보냈다. 무엇이든지 첫째에게는 다 새것을 사주겠노라! 다짐하며 방 안을 가득 채웠다.

그렇게 시간은 빠르게 흘러갔다. 어느덧 시은이는 태어났고 빠르게 6개월의 시간이 흘렀다. 곧 시은이는 말을 하기 시작했다. 역시, 내 자식은 천재야! 나만의 착각에 빠지기 시작했다. 몇몇 엄마들이 겪는 산후 우울증도 왔지만, 다행히 금방 지나갔다. 이 또한 시은이의 빠른 성장 속도로 잘 극복할 수 있었다. 자, 그럼 준비한 책을 읽어줘볼까! 공부방을 운영했던 터라 영어 원서들부터 해서 꽤 많은 책이 있었다. 거기에 아이를 위한 전집들! 너무나도 행복했다. 하지만 그건 나의 엄청난 착각이었다. 아이가 원하는 책은 오로지 『사과가 쿵!』이었다. 심지어 그 책은 내가 구매하지도 않은 책이다. 교회에 가서 보게 된 책이다. 너무나도 속상했다. 내가 준비한 그 비싼 책들은 보지도 않는 아이. 외부에 나가서 우연히 보게 된 책만 찾는 아이. 이걸 어쩌지….

여기까지 읽으면서 배꼽 잡는 엄마들이 있을 것이다. 감각적으로 알 수 있다. 그 엄마들도 나와 같은 경험자라는 것을…. 나 역시 그러했다.

급한 마음이었다. 홈쇼핑 광고. 곧 있으면 마감된다는 쇼호스트 예쁜 언니의 말 한마디에 자동으로 눈과 손이 움직였다. 그리고 그 광고에 꽂혀 전집을 사고 말았다. 알집매트 또한 사고 말았다. 왜 연달아 방송하지? 한 번 정도는 생각하면 좋으련만… 왜 그 시간대에 방송할까? 생각 좀 하면 좋으련만. 너무 단순하다. 그러고서는 책장에 꽂혀 있는 책들을 보고 뿌듯해하던 나 자신을 보면 고개를 들 수가 없다. 하… 나는 순간 생각한다. 아, 한 달 후에 도전해보자. 시간이 지나면 괜찮을 거야. 그리고 또 한 달 지나면 다시 도전한다. 그래, 한국어라 그럴 거야. 영어책은 좋아할 거야. 그렇게 생각하고 당당히 영어가 적혀 있는 단어 낱말 카드를 펼쳐서 보여준다. 잠시 그림을 탐색하더니 바로 다른 곳으로 달려간다. 이런, 역시나 아이에게 통할 리가 없다. 무엇이 문제일까?

앞서 말했듯이 시은이는 『사과가 쿵!』이라는 책에 관심을 보였다고 언급했다. 이것은 시은이가 주도적으로 고른 책이었다. 그렇다. 아이가 좋아하는 책, 바로 흥미가 있는 책은 주도적으로 스스로 선택한다. 나는 이것을 놓친 것이다. 아이의 주도성을 고려하지 않고 내 의지대로 수동적인 아이로 지도하려고 했던 것이다. 전집을 사려고 했던 행위가 수동적인 아이로 키우려고 했다고 보이는 것은 아니다. 다만, 아이가 주도적으로 책을 고르는 것을 추천한다는 것을 말하는 것이다. 무조건 처음은 그림책이 좋다고 한다. 그림책에는 사랑, 감정, 기쁨, 슬픔, 질투, 용기, 두려움 등이 표현되어 있어서 감성과 다양한 감정을 키워주니 꼭 읽어줘야 한다고 책에서 배웠다. 그래서 그림책을 많이 읽어줘야겠다고 생각해 그림책을 많이 준비해두었다. 하지만 그림책을 많이 준비해두어도 그림책 종류를 고르는 것은 시은이의 몫이었다. 구태여 전집을 살 필요가 없던 것이다. 그림책 중 몇 권을 좋아하거나 관심 있어 할 뿐이지 나머지 책에는 관심을 가지지 않을 수 있으니, 전집을 구입하기 전에 잠시 멈추어서 아이와 함께 책을 골라보자.

## 지피지기 백전백승

적을 알고 나를 알면 백 번 싸워도 백 번 이긴다고 했다. 영어책의 종류를 먼저 알아보고 잘 골라보자. 처음 청취닷컴에 입사해서 나에게 주어진 미션 중 하나가 ELT 교재와 멀티미디어 콘텐츠의 레벨차트를 만드는 업무였다. 이때, 대한민국 출판사들의 ELT 교재들의 레벨차트를 표준화하는 것이 너무 힘들었다.

생각해보라. 전국구이다. 아이들을 무슨 기준으로 표준화하겠는가. 출판사 또한 출판사들의 기준점이 다르다. 렉사일(Lexile) 기준일지 AR, GRL 기준일지 각기 다른 기준으로 리딩책을 구분했을 텐데 ELT 교재와 멀티미디어 콘텐츠를 레벨화하라니…. 지피지기 백전백승! 이후에 나오는 장에서 소개하겠다. 생각해보면 간단하다.

영어책의 종류 중 모든 교육의 기본이 되는 책은 바로 그림책이다. Picture book이라고도 하며 영미권 작가들이 쓴 창작동화다. 그림을 위주로 이야기가 전개되는 책이다. 같은 패턴 문장의 반복과 함께 유아가 읽는 그림책부터 초등 고학년 아이도 볼 수 있는 난이도가 있고 깊이도 있는 책까지 다양하다.

둘째는 리더스북(Reader's book)이 있다. 영어유치원에서 라이브러리에 가면 대표적으로 많이 비치된 교재이기도 하다. 영어를 외국어로 배우는 아동들에게 많이 추천되고 있다. 언어 교육을 위한 책이기 때문에 수준별로 레벨이 나누어져 있어 레벨별, 학년별, 또는 연령별 읽기에 적합하다. 시은이의 경우 리더스북을 많이 읽어주었는데 하이라이츠 콘텐츠와 맥밀런 스프링보드를 활용했다. 픽션, 논픽션을 고루 읽을 수 있다는 장점이 있고 다양한 장르의 글을 접할 수 있어서 좋았다. 아무래도 반복적인 패턴 문장과 어휘들이 있어 시은이게는 패턴 학습도 시킬 수 있어서 좋았다. 패턴 학습은 반복해서 익히게 된다는 의미이다. 아이의 성향에 따라 픽션과 논픽션의 비율도 책에서 중요하니 잘 따져보는 것도 좋을 것 같다. 리더스북의 장점은 목적에 의해 제작되어 레벨에 맞추어 책을 읽을 수 있고 그림과 문장의 조화가 잘되어 있어 지루하지 않게 읽을 수 있다.

셋째, 챕터 북(Chapter book)이 있다. 챕터 북의 경우 소설로 넘어가기 전 단계이다. 이야기 중간마다 그림이 들어가기도 하지만 글밥이 꽤 있는 편이다. 레벨은 미국 초등학교 1학년부터 6학년까지 다양하게 분류되어 있다. 이야기 종류 또한 여러 가지 시리즈로도 출판되고 있어 시리즈물을 좋아하는 친구들에게 추천한다.

Highlihgts Storybook 읽고 있는 시은이

마지막으로 소설(Fiction)과 지식 책(Non-fiction)이 있다. 내가 바로 영문학을 전공한 이유가 여기에 있다. 소설에 빠져들면 헤어나올 수 없

는 매력에 빠지게 된다. 나만의 상상의 세계에 빠져 결말이 이렇게 되면 안 된다며 소리치게 만든다. 영어 소설에는 단어와 문장 표현이 다양하고 다루는 소재의 범위가 상당히 넓다.

아이들과 책 읽는 순간은 너무 행복한 순간이다. 엄마와 함께 눈을 마주치며 이야기하고 그 순간을 교감한다. 내용에 대해 소통하며 앞으로 일어날 일을 예측해보기도 한다. 우리만의 비밀이라며 키득거리며 캐릭터에 대해 수군거리기도 한다. 자녀와의 거리를 좁힐 기회가 될 수도 있다. 책은 정말 좋은 소통의 도구이다.

아이가 좋아하는 책을 고르는 방법은 앞에서도 언급했듯이 간단하다. 아이가 좋아하는 책으로 시작해보자. 아이의 선택이 우선이다. 언제나 늘 그렇듯.

# 05

/

## 아이의 영어 실력을 키워주는 독서 노트

"선생님, 우리 아이에게 맞는 추천 도서 좀 알려주세요! 그리고 책 읽을 때 소리 내어 읽게 하면 될까요? 아이가 학원만 다녀오면 집에서는 말을 하지 않아요. 아이의 실력이 얼마만큼 늘었는지 도통 알 수가 없어요."

매월 한 번씩은 부모님에게 전화 상담하며 아이의 컨디션에 대해 안내하는 것이 나의 업무 중 하나였다. 그럼 어머니들은 대부분 위의 질문을 내게 하셨다. 공통으로 학원에서 하는 공부 외에도 집에서 엄마표 영어를 하는 것처럼 말씀하셨다. 그런데 어머님들은 항상 아이의 영어 실력이 제자리 같다며 하소연하시곤 했다. 선생인 내가 보기에는 우리 아이들의 실력은 계속 올라가고 있는데 말이다. 단지 속도의 차이일 뿐. 그래서 나는 집에서 어떻게 지도하고 있는지 문의했다. 대부분 대답하시길, 옆집에서 좋더라 하는 책을 읽히거나 인터넷, TV에서 추천하는 책을 그대로 자녀에게 추천한다고 하였다. 결국은 다독이었다. 그 후, 독후 활동에 대해 따로 기록하는지 문의했다. 어머니들의 대답은 100% 일치했다. 그리고 그 부분에 대해 나는 충격을 받았다. 어머니들은 별도의 활동이나 기록을 남기지 않는다고 하였다.

지금부터, 독서뿐 아니라, 독서 노트를 활용하여 효과적인 영어 실력을 키워주는 노하우를 공개하려고 한다.

독서는 영어 교육의 바탕이다. 독서에 대한 중요성은 부모들이 인지하면서 정작 독서를 통해 효율을 쉽게 낼 방법은 알려고 하지 않는다. 단순히 책을 읽는다고 해서 배경지식이 쌓이는 것도 아니고 그 내용을 이해한다고 해서 끝나는 게 아니다. 책을 읽는 과정 또한 중요하다. 이 과정을 함께해주는 것이 바로 엄마의 역할이다. 다양한 종류의 책 중, 영어 교육을 시작할 때, 그림책으로 시작한다면 기쁨, 용기, 행복, 슬픔, 질투, 두려움 등 다양한 감정과 감성을 빠르게 익힐 수 있다. 이때, 단순히 그림을 보고 엄마가 질문하는 것으로 끝낸다면 얼마나 지루한 책 읽기가 될까? 이것들을 기록하고 남기는 아이에게 맞춤 독서 노트를 만들어주는 것은 어떤가?

나는 시은이에게 스케치북을 활용하여 독서 노트로 활용했다. 스케치북 중 하나는 색연필만 사용하는 독서 노트로 사용했다. 두 살 아이가 글을 쓸 줄도 모르니 독서 노트를 활용할 줄 몰랐다. 그래서 생각해낸 것이 끼적이기 활동이었다. 아니면, 내가 그림을 그려주어 그곳을 색칠하거나 풀로 붙여서 채우기였다. 어떠한 형식도 없었다. 틀에 갇히지 않고 시은이와 함께 다양한 활동을 즐겼다. 책을 읽으며 물감과 색종이, 수수깡 등 다양한 도구를 활용해서 독후 활동을 했다. 여기서 중요한 것은 틀은 깼으나 그 안에 공통으로 들어가는 내용은 꼭 있었다. 그것은 책의 제목, 인물, 배경, 장소, 시간, 주요 사건, 핵심 단어, 핵심 문장, 장르, 교훈이 었다.

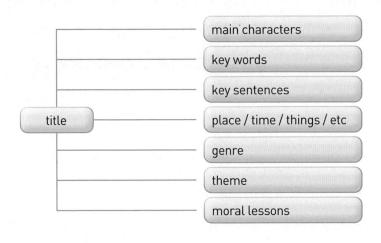

책 읽기를 좋아했던 나는 영어 강사였을 때, 이것만은 반드시 원칙으로 아이들에게 숙제를 내주었다. 그것은 바로 다음 시간 공부할 내용의 단어 공부를 미리 해오는 것이다. 단어만 안다면 리딩에서 50%는 알고 들어가는 것이다. 특히나 초등학교 레벨의 ELT 교재들은 더 그렇다. 그러면 아이들은 내가 아는 단어가 나왔을 때 문장 전체가 이해되지 않아도 어느 정도 문맥상 유추할 수 있어 내용을 이해할 수 있게 된다. 그러면 단어 뜻을 모르더라도 앞뒤 문맥, 그림을 통해 내용을 이해하게 된다. 이것을 우리는 눈치로 때려 맞춘다고 한다. 영어도 언어인데 이 정도는 기본으로 해야 하지 않을까?

나는 그래서 아이들에게 노트를 꼭 준비하라고 하였고, 그 노트에 단어를 세 번씩 그리고 핵심 문장 세 번씩 기재하는 것을 수업 중 함께 지도했다. 이것들이 독서 노트에 함께 모인다면 아이들은 핵심 단어, 핵심 문장 등을 자연스럽게 기억할 수 있을 것이다. 아래의 표와 같이 말이다.

글을 쓰지 못하는 시은의 경우, 스케치북을 활용하여 다양한 방법으로 표현하게 했지만, 혹시 자녀 중 글을 쓸 수 있어 자기 생각을 표현할 수 있다면 정말 본격적으로 독서 노트를 활용할 수 있다. 하지만, 이때도 정형화된 독서 노트를 활용할 수도 있고, 자유로운 형식의 독서 노트를 사용해도 상관없다. 아이들의 상상력은 정말 무궁무진하다. 하나의 스토리를 들려주어도 아이들에게 이어질 이야기를 상상해서 그려보라고 한다면 제각각의 다른 이야기를 할 것이다. 그러므로 형식에 갇혀서 하게 하는 것은 좋지 않다고 생각한다.

나는 자유로운 형태의 독서 노트를 추천한다. 다양한 독서 노트의 형태는 다음 페이지와 같다. 어떤 스토리는 인물 관계도가 핵심 주제일 수 있기 때문에 자유로운 형태의 독서 노트를 사용하는 것을 추천한다.

# 나의 독서기록 Date.

도서명 _____     작가/출판사 _____
독서기간 _____     도서 만족도 ☺ ☺ ☺ ☺ ☺
핵심단어 _____

## 핵심문장

## 필사

## 06

/

## 아이와 놀면서 책 읽는 방법

아이를 학교에 보내면서 손꼽게 만드는 바람은 새 학기에는 좋은 담임 선생님을 만났으면 좋겠다는 것과 좋은 친구들을 만났으면 하는 것이다. 사교육 역시 그렇다. 새 학기 또는 시즌제를 도입하는 학원 또한 새로운 클래스로 반이 바뀌면 이번 담임 선생님은 누가 될 것인지 어머니들은 온통 신경이 곤두서 있다. 학생보다도 말이다. 나는 이것에 대한 예민함을 바로 수업 내용의 차별화로 내세웠다. 학원 강사였을 시절, 챕터마다 리뷰 시간에 반드시 다양한 활동을 추가하였다. 아이들에게 지루했을 리딩이나 문법, 리스닝 스피킹 시간에 꼭 다양한 액티비티를 추가하여 내용을 한 번 더 강조해주는 것이다.

　파닉스를 마친 아이들에게는 엔이빌드앤그로우(NE Build&Grow)의 이지링크(Easy Link) 1권을 들어가는데 그때 이 교재를 마치면 사이트 워드를 복습할 수 있다. 나는 이때, 단어 리뷰를 중요하게 여겼다. 본문 내용은 누리과정과 연계되어 있어 암기하게 했다. 단어 또한 암기하게 하였지만, 책을 마치는 과정에서는 반드시 단어를 잡아주고 넘어갔다. 그 방법은 다양하였는데 그중 하나가 바로 끝말잇기 게임이었다. 본문에서 학습했던 단어들과 그동안 알고 있는 다양한 단어를 이용해 끝말잇기를 하였다. 종이와 색연필 그리고 책 뒤에 있는 낱말카드를 활용했다. 때로는 책의 그림을 사용해서 오려 붙이기도 하였다. 만약 단어가 생각나지 않을 경우, 간단한 그림 또는 아이콘을 그리도록 유도했다. 그럼 아이들에게 그림 단어가 완성되는 것이다. 소중한 아이들의 작품이 완성되고 그것을 사진 찍어 부모님들에게 카카오톡으로 보내드렸다. 해당 학습을 통해 아이들은 리딩스킬뿐 아니라 협동심, 창의성도 키울 수 있었다. 그러면 아이들은 영어를 학습을 통해 알게 되는 재미와 흥미로 접근해서 더욱 쉽고 재미있는 놀이로 인지하게 되었다.

　모든 것은 경험에서 비롯된다. 나의 유학 시절, 지독하게도 기억나지 않는 단어들과 문장들이 있었다. 그러면 포스트잇에 쓰고 그것들을 기차

처럼 이어 붙이기를 했다. 그렇게 노력해도 기억이 나지 않을 경우, 나만의 방법으로 색깔로 구분하기를 했다. 다양한 방법을 동원해본다. 그렇게 해서 나만의 쉽게 외우는 방법을 만들어보았다. 결국은 영어를 즐기는 수밖에 없었다. 그러려면 문학은 내가 롤 플레이(role play)를 하면 됐다. 내가 그 극의 주인공이 돼서 몰입하면 되었고, 역사를 배울 때는 내가 그 역사의 시대로 들어가면 되었다. 그렇게 그 배움의 속으로 빠져들어가 몸으로 익혔다. 내가 그렇게 경험했기에 다른 언어를 배운다는 것이 절대 쉽지 않다는 것을 나는 알고 있다. 그래서 나이를 불문하고 어른이든 아이들에게든 영어를 재미로 느끼게 해주고 싶었다.

내가 다니고 있는 대전 동구 용운동감리교회에서는 종종 공동육아를 한다. 토요일이 되면 삼삼오오 엄마들이 모여든다. 나는 아이들에게 영어 과외를 해주고 다른 엄마들은 각자의 재능기부를 해준다. 공동육아는 너무 아름다웠다. 여럿이 모이면 정말 무엇이든 뚝딱 해내고 만다. 내가 파닉스를 가르치고 있는 동안 다른 엄마들은 나이가 어린 아이를 돌보아주고 있었다.

파닉스를 책으로 가르치는 것에 멈추지 않고 때로는 책을 읽어주며 사례를 찾아주었다. 그리고 교구를 활용하며 실제로 보여주기도 하였다. 아이들은 눈에 보이니 집중하며 즐거워하였다. 그 어떤 것보다 몸으로 익힌 것은 기억에 오래 남는다는 것을 아이들은 잘 안다.

"선생님, 우리 다음 시간에 이거 또 하기, 약속해요."

아이들은 거짓말하지 않는다. 잊지 않고 나는 교구들을 준비하였다. 그리고 항상 수업 전이나 끝에 꼭 활용하였다. 아이들의 웃음을 잊을 수 없다.


한 가지 더 기억하자!

아이와 놀면서 책 읽을 때는 반드시 앞에서 언급했듯이, 꼭 기억해야 할 학습 목표를 아이가 기억할 수 있도록 반복해주자. 아이랑 책을 읽으며 노는 시간을 함께하다 보면 시간 조절에 실패할 수도 있다. 하지만 꼭 해야 하는 것 한두 가지만 집중해서 하기를 추천한다. 예를 들어, 오늘은 아이와 책을 읽으며 단어 놀이에 집중하고자 한다고 할 경우 그것에 집중하기를 바란다. 오늘 나의 경우, 시은이가 중고 거래에 대하여 배우고자 하여 책을 읽고 바로 알라딘 서점에 가서 시은이가 읽은 책 중 두 권을 골라서 중고 거래를 배우게 하였다. 정확하게 시간을 조절하며 하는 것 또한 중요하다.

영어책 읽어주기도 중요하지만, 지속성도 중요하다. 온종일 엄마는 할 일이 많다. 아이를 돌봐야 하고, 때로는 워킹맘이기도 하다. 워킹맘이 회사일을 회사뿐 아니라 집에서도 해야 할 경우도 있지 않은가. 시간은 금이다. 아이와 놀면서 책 읽는 방법은 반드시 계획이 필요하다. 커리큘럼을 세워보는 것도 추천한다. 엄마표 영어가 효과적이려면 실천 기준이 단순해지면서도 체계적이어야 한다. 그러려면 목표와 방향성이 뚜렷해야 한다. 그리고 무엇보다 아이와 엄마가 실현 가능해야 한다. 영어책 읽기가 쉽고 재미있으려면 무엇보다도 엄마와 아이가 행복해야 하므로, 놀이로 먼저 다가가보자. 그리고 꼭 시간을 정해서 선택과 집중하자.

"당신이 어디 서 있건 지금이 바로 시작할 때입니다. 오늘 당신이 기울이는 노력이 분명 세상을 바꿉니다."
− 앤드류 매튜스

# 07

/

## 엄마도 책을 읽어야 하는 이유

"자, 모두 조용히 해! 노트 펴고 따라 적도록!"


또 시작이다. 영어 선생님의 명령조 말투. 까만 피부에 은색 안경테. 흰색 짧은 파마머리에 어깨가 살짝 굽은 영어 선생님이 들어오자마자 우리에게 하신 말씀이다. 나는 대전 서구 괴정동에 있는 대전 서중을 나왔다. 중학교 2학년 때, 영어를 죽도록 싫어했다. 질풍노도 시기이기도 했지만, 영어가 그렇게 싫었다. 선생님은 수업이 시작되면, 이마 위에 깊게 파인 주름과 함께 우리를 쳐다보시며 나지막한 목소리로 말씀하셨다. 정말 들릴까 말까 한 나지막한 목소리로 말이다. 그렇게 본문 내용을 적고 나면 수업은 끝이 났다. 내 기억 속 가장 지루하고 재미없던 수업이었다. 여중생들은 수다쟁이 선생님을 좋아한다. 그리고 잘생기고 젊은 선생님을. 다 그런 것 아닐까. 선생님은 내 기억 속에 꽤 과묵하셨다. 그리고 연세가 있으셨기 때문에 나에게는 너무 힘든 수업이었다. 그리고 무엇보다 중요한 것은, 선생님은 우리와 소통을 전혀 하지 않으셨다. 따라 적고 따라 말하게만 하였다. 과연 나의 영어 성적은 어떠했을까. 여러분의 상상에 맡기겠다.

영어책 읽어주는 것은 한 방향이 아닌 양방향이어야 한다. 엄마가 일방적으로 읽어주는 것이 아니라 양방향으로 서로 대화가 오고 가야 하는 것이다. 엄마표 영어에서는 대화가 중요하다. 책을 고르는 과정에서부터 책을 넘기는 순간까지도 대화가 계속 이어져야 하는데 그 과정에서 엄마는 아이가 하는 말을 경청하며 함께 해주어야 한다. 그럼 결국은 엄마도 함께 책을 읽게 되는 것이다. 그 과정에서 아이는 엄마와 교감하며 소통하게 된다. 아무런 대화 없이 책만 읽는다 가정해보자. 그렇다면, 음원을 틀어주면 되는데 굳이 엄마표 영어를 할 이유가 있을까? 교감을 하고 소통하기 위해 엄마표 영어를 하고 독서를 하는 것이다.

책을 읽으면서 많은 것을 주고받는다. 책 속의 그림을 보며 상황을 유추하고, 캐릭터의 심정을 생각해본다. 그리고 앞으로 있을 이야기에 대해 함께 추측하고 이야기함으로 교감한다. 엄마는 이런 과정을 통해 칭찬해주기도 하며 감정을 주고받는다. 반복되는 과정에서 한국말과 영어 표현이 오고 가며 아이가 기억에 남는 것이다. 엄마의 목소리를 통해 전달되는 메시지야말로 강력하게 기억에 남게 될 것이다.

영어유치원 강사였던 시절 학부모와의 상담 중 나의 마음을 아프게 했던 상황이 있었다. 어머니는 아이와 함께 책을 읽으며 교감을 나누기를 원하셨지만, 실제로 영어를 잘 모르셨기 때문에 함께 책을 읽어줄 수가 없어 너무 속상하다고 하셨다. 그래서 아이가 유치원에서 리딩으로 배우는 책을 별도로 구매 가능한지 문의하신 것이었다. 따로 구매하셔서 집에서 연습하시고 아이가 집에서 숙제하고 연습할 때, 어머니가 미리 연습하신 뒤에 지도해주고 싶다고 하신 거였다. 어머니의 마음이 나에게 전달되어 감동이었다. 아이와 함께하고픈 마음이었다. 아이와 함께 감동을 나누며 읽고 싶은 부모의 마음! 나는 바로 책 제목을 문자로 보내드렸다. 그 후, 어머니께 핵심 주제 그리고 책을 읽으며 반드시 강조해야 할 부분들이 있다면 아이 책에 슬쩍 별표 문장을 하겠다고 안내해드렸다. 그것은 어머니와 나만의 비밀 사인이었다. 나는 이렇게 한다면 어머니의 영어 실력 또한 함께 성장할 것이라고 굳게 믿었다. 어머니의 진정성이 나에게 전달되었고 우리는 통했다. 그것 때문일까? 아이의 영어 실력은 다른 아이들보다도 속도가 빨랐다. 단어 시험, 스피킹 시험, 단순 퀴즈들도 월등히 좋았다. 아이의 웃는 모습마저도 너무 예뻐 보였다. 사랑을 듬뿍 받고 자란 아이는 뭔가 달라 보이는 것이 정말 눈에 띄게 보였다. 무엇보다도 아이가 복습할 때 발표하는 태도가 너무나도 달랐다. 다른 아이들은 말을 더듬거나 때로는 머리를 긁적이며 기억이 안 난다고 얼버무리는 경우가 다반사였다. 하지만 이 친구의 경우, 엄마와 함께 공부해 기억이 난다며 또박또박 문장을 말하였다. 그리고 그 캐릭터의 심정마저 정확하게 말해주었다. 엄마표 영어의 힘이다. 엄마가 함께해주니 아이는 그때의 상황을 기억하고 정확하게 표현하는 것이다. 아이는 엄마와 함께했던 문장들 그리고 제스처 등 다양한 것을 표현하였다. 아이의 영어 실력뿐 아니라 자존감도 올라간 것이 눈에 보였다.

다시 한 번 말하지만, 엄마가 아이에게 영어책을 읽어주면, 엄마도 역시나 아이와 함께 영어 실력이 같이 향상되는 것을 나는 경험을 통해 믿는다. 이를 통해 우리 아이와의 많은 교감이 형성된다. 함께하는 시간과 더불어 다양한 대화와 질문 등을 통해 창의성과 논리력이 향상됨은 물론 서로가 몰랐던 사실들을 더 알아가는 소중한 시간이 될 것이다.

사랑하는 나의 딸 시은의 경우, 바쁜 워킹맘인 나를 대신하여 아빠가 책을 읽어주거나 그림을 그려준 경우가 있었다. 책을 읽어줄 때는 엄마를 찾아왔고 그림을 그려야 하면 아빠를 찾았다. 각각의 역할이 있다. 아이들도 안다. 부모의 역할을. 엄마가 바쁠 때, 아빠가 대신하여 책을 읽어주는 기쁨 그것 또한 배가 된다.

"엄마, 아빠는 책을 읽어줄 때, 왜 이렇게 웃기게 읽나 몰라! 그래도 나름 재미있어!"

시은이와의 대화 속에 아버지와의 추억을 느낄 수 있어 너무 행복해 보였다. 나는 이 대화를 들으며 눈시울이 붉어졌다. 그리고 몹시도 부러웠다. 아버지와 이런 추억이 있다는 시은이가 말이다. 나에게는 아버지가 책을 읽어준 기억이 없다. 막내로 태어나 그렇게 아버지의 사랑을 독차지하였어도 단 한 번도 아버지는 내게 책을 읽어준 적이 없다. 나는 가정 환경의 중요성을 다시 한번 느낀다. 가정에서 독서가 얼마나 중요한 부분을 차지하고 있는지는 아이의 성장과 깊은 관련이 있다.

우리 아버지는 이름 석 자만 적으면 공부하지 않아도 된다고 하셨던 분이다. 그래서 나의 필리핀 유학 또한 반대하셨던 분이었다. 오로지 어머니의 의지로 나는 필리핀에 보내졌던 사례다. 사랑하는 사람에게서 사랑받는 기분, 그것은 엄청난 축복이다. 시은이에게 이런 축복의 기회를 줄 수 있다는 것. 아주 감동적이다.

나는 아버지들이 자녀에게 책을 읽어주는 광경을 볼 때면 눈시울이 붉어진다. 내가 누리지 못한 것들을 볼 때면 말이다. 온전한 부모의 사랑을 우리 자녀들은 누릴 자격이 있다. 책을 읽어주며 자녀를 바라보는 눈빛과 톤 그리고 서로 교감하는 그 느낌들. 너무 아름답지 않은가. 아이들은 그것을 바탕으로 성장할 것이다.

모든 것은 부모로부터 전달받고 자신을 믿어준다고 느낄 것이다. 믿어주고 있다는 신뢰감으로부터 시작되어 성장할 것이다.


"글은 여백 위에만 남는 게 아니다. 머리와 가슴에도 새겨진다. 마음 깊숙이 꽂힌 글귀는 지지 않는 꽃이다. 우린 그 꽃을 바라보며 위안을 얻는다. 때론 단출한 문장 한 줄이 상처를 보듬고 삶의 허기를 달래기도 한다."

– 이기주, 『언어의 온도』

# 08

/

## 영알못이 추천하는 ELT 추천 책 리스트

　외국에 나가면 한국인들이 가장 많이 사용하는 단어 중 우리가 쉽게 듣는 단어가 있다고 한다. 바로 정답은 '빨리빨리'라고 한다. 한번은 필리핀을 들어가는데 항공권 가격이 너무 비싸서 알아보던 중, 패키지로 가면 더 저렴한 것을 알게 되어 패키지로 끊고 들어가게 되었다. 그때, 가이드분이 이 말씀을 해주시면서, 현지인분들이 그래서 우리에게 '빨리빨리'라는 말을 종종 할 거라며 웃어넘기라고 하셨다. 그런데 어느 날, 내가 아장아장 이제 막 걷기 시작한 시은이에게 '빨리빨리' 말하며 재촉하고 있는 나 자신을 보았다. 순간 시은이도 이 말을 먼저 배우게 될까 봐

염려되었다. 빨리 걷는 것을 원했지, '빨리'라는 말을 하는 것을 원했던 것은 아니었다. 정말 아차 싶었다. 말을 가르쳐주는 것도 좋지만 말 속에 숨겨진 의도를 가르쳐주는 것도 좋다는 것을 다시 한번 알게 되었다.

책을 읽으면 그 안에 숨겨진 보물들이 많아서 너무 좋다. 전혀 알 수 없었던 작가의 숨겨진 세계. 그리고 의도 파악하기부터 주인공의 성격, 복선 찾기. 정말이지 나는 픽션, 논픽션 등 구분하지 않고 다양한 책을 읽는 것이 너무 재미있다. 그래서 때로는 독서 노트뿐 아니라 나 스스로 책 속에 그 보물들을 찾을 때마다 포스트잇이나 스티커, 형광펜 등으로 표시를 하는 것에 희열을 느낀다. 어렸을 때는 문제집을 통해 정답을 확인할 수 있었다. 여러 번의 반복 학습을 통해 쉽게 찾을 수 있었고 이것이 습관이 되어 대학교에서도 문학 수업과 서술형에서 시험 보는 것에서는 큰 어려움이 없었던 것 같다. 이러한 경험을 바탕으로 나는 정말 다양한 책들을 읽는 것도 추천하지만 ELT 책들도 추천한다.

최근 새로운 영어 교육 도구들이 무엇이 있을지 궁금하여 대전 서구 둔산동에 있는 잉글리쉬 플러스에 방문하였다. 김호식 대표님에게 요즘 영어 교육 동향에 대하여 문의하며 콘텐츠들에 대해서도 컨설팅받았다. 엄마들의 영어 사교육 니즈는 어떠한지 그리고 공부방 선생님들이 주로 찾는 교재들은 무엇인지, 학원, 어학원, 영어유치원 등 각각 타깃이 다른 곳에서 선정하는 메인 도서들부터 질문할 것들이 너무 많았다. 오랜만에 찾아뵈었음에도 친절하게 설명해주서서 너무나도 감사했다.

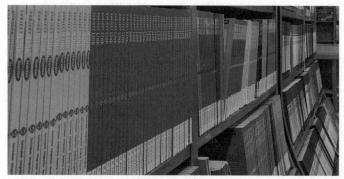

〈대전 잉글리쉬 플러스〉

1. Starter Level을 위한 추천 리스트

2. 아이들 나이뿐 아니라 언어 인지 발달 단계를 고려하였을 때 영유아에서 초등 저학년에게 추천하는 책이다. 아이들에게는 재미와 흥미로 다가가기를 바라므로 리더스, 파닉스, 챕터북, 드라마북, 빅북 등으로 된 책들을 추천한다. 아래의 책들은 픽션, 논픽션 등 다양한 카테고리로 구성되어 있으며, 아이들을 즐겁게 놀이로 자극할 수 있도록 다양한 프로그램을 할 수 있게 패키지 구성으로 되어 있다. 대사와 노래 등을 통해서 듣기, 말하기, 읽기, 쓰기 등 4가지 영역을 골고루 발달시켜줄 수 있다. 또한 홈페이지를 통해 추가 학습 활동 자료도 제공해주고 있어 필요한 자료들은 부가적으로 내려받아 사용할 수 있다. 스토리를 좋아하고 다양한 활동을 좋아하는 아이들에게 추천하는 시리즈이다.

Starter Level

파닉스 책의 경우 시리즈로 한 번에 모든 시리즈를 이용해서 공부해도 좋지만, 가능하다면, 한 권 그리고 다른 출판사의 1권을 한 번 더 하고 2권으로 넘어가길 바란다. 아이들에게는 충분한 복습의 시간이 필요하다. 책의 난이도가 갑자기 뛰는 경우가 출판사마다 있는데 특히나 서너 권, 즉 블렌드&이중자음으로 넘어가는 구간 전에 이전에 배운 내용을 한 번 더 복습해주면 더욱 좋다.

3. Beginner & Intermediate Level을 위한 추천 리스트

4. 짧고 단순한 문장을 읽고 이해하기가 가능한 친구들을 위한 책을 추천한다. 정확한 본문 이해보다는 앞뒤 문장을 통해 추측을 할 수 있고, 그림을 통해 유추할 수 있는 단계의 친구들에게 책을 추천한다.

초등 교과목과 연계된 주제 중심으로 흥미를 유발하며 무엇보다도 짧고 간결하여 아이들이 기본 문장의 구조를 파악하기 쉽다. 질문을 쉽게 이해하고 답하여서 본문의 주요 단어 그리고 핵심 문장들을 쉽게 파악하는 데 큰 도움이 된다.

5. High Intermediate Level을 위한 추천 리스트

6. 이제 실전이다. 자신감을 키워주는 리딩이 필요하다. 단순한 리딩과 문제 풀이에서 끝나는 것이 아닌 스피킹까지 연계된 도서들로 구성해보았다. 또한, 다양한 유형의 문제들을 풀어봄으로 학년이 올라갈수록 겪게 되는 난이도별 문제에 미리 대처할 수 있다.

브릭스 출판사의 리딩 시리즈와 NE 빌드 앤 그로우의 링크 시리즈의 경우 스토리와 어휘들이 체계적으로 구성되어 있다. 단순히 단어의 반복으로 인하여 인지하게 하는 것이 아닌 문장 안에서의 단어를 문제를 통하여 다시 한 번 활용하게 함으로 실생활에서도 사용해볼 수 있도록 하는 문항들도 있어 꽤 실용적이다.

ELT 교재들의 특장점은 본문 책뿐 아니라 워크북 그리고 e-Learning이 되는 교재뿐 아니라 각 웹사이트에서 부가 자료들을 내려받을 수 있어 엄마표 영어 교육을 할 때 별도의 자료들을 추가로 찾아보지 않아도 된다는 것이다. 그리고 교과 과정과 연계된 리딩 책들로 커리큘럼을 잘 구성한다면, 학교 과정과도 연계할 수 있어 아이에게도 쉽게 다가갈 수 있다. 실제로 학원에서도 커리큘럼을 짜는 과정에서 고려하는 부분 중 하나가 바로 교과 과정과의 연계성이다. 대한민국 내로라하는 출판사들의 교재들이다. 나 역시 청취닷컴에서 근무하던 시절 직접 출판사 본사 영업 부장님들과 연구소 담당자들이 오셔서 교육해주셨다. 그 정도로 책을 만드실 때 아이들을 위해 열심히 연구한다고 들었다. 나는 그 노력에 대한 진정성을 알기 때문에 실제로 리더스, ELT 교재, 다양한 한국어 책 등을 병행하면서 시은이에게 노출해주고 있다.

아이에게는 배움의 가치를 느끼게 해주는 것이 중요하다. 삶에 대한 가치를 알아가면서 동시에 배움의 가치도 알게 해주자.

## 4장

# 듣기, 말하기,
# 읽기, 쓰기 한 번에
# 해결하는 법

# 01

/

## 매일 하는 습관이 기본이다

"줄리야, 다음 주부터 파이널 시험이니, 오늘은 복습할 거야. 수업 마치고 바로 와야 한다."

고등학교에서 내가 제일 좋아하는 디존 선생님의 호출이다. 나는 학교 수업이 끝나면 매일 남아서 개인 과외를 받았다. 요일마다 과외받는 것을 달랐지만 오늘은 디존 선생님의 과외를 받는 날이었다. 어느덧 고등학교 4학년이 되었다. 드디어 마지막 시험이다. 필리핀에서는 학년말 시험을 파이널 시험이라고도 한다. 시원섭섭하다. 이미 대학교도 정해졌고 여유가 생길 만도 한데 나에게는 목표가 아직 남아 있었다. 학기 초에 친구들 앞에서 나를 욕보였던 그 친구를 성적으로 눌러줘야 하는 것이 나의 남아 있는 목표였다. 정말 죽기 살기로 공부하자 마음먹었고 열심히 했다. 그런데 그때까지 나는 스피킹에 문제가 있었다. 바로 잘못된 습관이었다. 따갈리쉬를 사용하는 습관으로 인해 고쳐지지 않는 문제였다. 그 문제는 영어로 '나'라고 표현할 때, 아임(I'm) 이라고 항상 시작하는 것이었다. 따갈로그어로는 '아코(ako)'를 사용한다. 그래서 때로는 아코를 사용하며 문장을 시작하고 또 영어를 사용할 때는 '아임'이라며 말을 시작하는 것이었다. I am이라는 문장을 사용할 때만 아임이라고 해야 하는데 계속해서 발음을 아임이라고 하니 디존 선생님은 아이라고 하라며 잡아주셨다. 습관이라는 것은 정말 무서웠다. 4학년 학기 말. 나는 아직도 이 습관을 잡지 못했다는 것이 속상했다.

무엇이 문제였을까? 개인 과외를 마치고 이날은 트라이시클을 타고 집에 오면서 정말 골똘히 생각했던 것 같다. 그 어린 나이 열아홉 살. 외국에 일 년 이상 머물면서 간단한 발음 하나 고치지 못하고 있다니 정말 수치스러웠다. 습관의 중요성을 다시 깨닫는 순간이다. 이유인즉, 집에서는 모국어를 사용하고 집에서 하는 과외 시간인 두 시간만 영어를 사용하므로 실제 영어 노출 시간은 길어야 총 열 시간 내외였다. 그것도 리스닝의 대전제였다. 남은 시간은 모국어인 한국어에 노출되어 있다. 해외에 나가 있어도 실제 한국에서 사는 것과 마찬가지였다. 이날부터, 함께 살았던 엄마, 친척 동생에게 도움을 요청했고 우리는 잉글리쉬 타임을 별도로 만들어 그 시간만큼은 집 안에서도 영어를 사용하도록 노력했다. 그렇게 해서야 겨우 고칠 수 있었다. 언어가 이렇게나 무섭다. 내가 얼마만큼 노력하느냐에 따라 달라진다. 그리고 그것을 습관화하느냐에 따라 결과물이 달라진다. 언어 그 자체가 어떤 틀 안에 가둬둘 수가 없다. 사람이 노력하는 만큼 성과물은 정말 달라진다. 내가 아무리 과외하고 어떤 좋은 환경에 있어도 스스로가 노력하지 않으면 발전할 수가 없다. 자연스럽게 체화된다고 할지라도 나타나는 시간과 속도는 다를 것이다.

어렸을 때의 경험을 통해 나는 믿게 되었다. 노력은 배신하지 않는다는 것을. 그래서 철저하게 계획적인 삶을 살게 되었고 모든 나의 일상은 계획적으로 돌아가게 되었다. 그럼 생각해보자. 어떻게 하면 아이들의 일상에 스스로 책을 읽고 아무렇지도 않게 그것에 대해 나누는 것을 습관처럼 루틴화할 수 있을까? 아마 처음부터 '스스로 책을 읽고 싶어요' 하는 아이는 없을 것이다. 아이가 지나다니는 곳곳에 재미있는 표지가 보이는 책 또는 장면을 노출시켜주거나 놓아주어 아이의 관심을 끌어주는 것이다. 아이의 시선이 자연스럽게 책으로 갈 수 있도록 말이다. 이때는, 모국어책이나 영어책, 그림책, 어느 책이든 상관없다. 나는 책이 있는 공간에 일부러 블록과 함께 인형들을 놓았다. 일부러 그 공간을 '플레이 존(Play Zone)'이라 따로 칭하여서 거기서 몇 시간을 함께 보냈다. 그리고 일부러 그때, 음악을 틀었다. 음악을 트는 이유는 4장에서 별도로 설명하도록 하겠다. 이때의 추억이 아직도 아른거린다. 너무나도 소중해 사진들을 남겨놓았고 그 사진들은 현재 내가 운영하는 네이버 카페에서도 확인할 수 있다. 나중에 시은이가 희망하는 대학교가 어디일지 몰라서 모든 것을 기록으로 남겨두었다. 성장 과정 포트폴리오로 또는 취업 준비 포트폴리오로도 쓰일지 모르기 때문이다.

"나에게 책은 개인적 자유로 가는 통행증이었다. 나는 세 살 때 읽는 법을 배웠고, 덕분에 미시시피에 있는 우리 농장 너머에 정복해야 할 세계가 있다는 걸 알았다."

오프라 윈프리는 읽기에 대해 이렇게 말했다. 긍정적인 독서 경험이 많은 영향을 끼치는 중요한 사례이다. 매일 독서하는 습관을 집에서부터 길러주자. 시은이는 정말 어디로 튈지 모르는 아이였다. 애니메이션 〈센과 치히로의 행방불명〉을 한 달 내내 보았다. 믿어지는가! 30번이 넘는다. 그것을 매일 본다고 가정해보자. 그렇다면 좋아하는 책을 한 달 내내 본다고 생각해보자. 나는 그것을 매일 읽어주었다. 그러다 하루는 꾀를 내었다. 한번은 백설공주에 빠져 있을 때였다.

"시은아, 오늘은 아리아에게 책을 읽어주자고 하자!"

나도 사람이다. 백설공주 좀 그만 읽고 싶었다. 아리아에 자기 전에 들려달라고 하고 제발 다음 전래동화 파트로 넘어가고 싶었다. 그렇게 우리는 호랑이로 넘어갈 수 있었다. 그렇게 어흥으로 넘어갔고 다행히 곶감을 무서워하는 호랑이 흉내를 낼 수 있었다. 덕분에 타이거와 라이언의 차이를 알려주었고 영화 〈마다가스카〉로 넘어갈 수 있었다. 센과 치히로와도 작별할 기회였다. 매우 행복했다. 사람은 생각해야 한다. 드디어 나의 노하우가 생긴 것이다. 육아도 노하우다. 전략! 하나님 감사합니다.

어릴 때부터 다양한 책과 지식, 그리고 경험을 채워준다면, 우리 아이들은 그 배경지식을 통해 더욱 성장할 수 있을 것이다. 그동안의 쌓인 지식으로 아이들은 지식과 함께 자신의 노하우가 생겼을 것이고 그것들을 자기만의 방식으로 새로운 삶을 스스로 개척해나갈 것이다. 그렇게 성장하게 돕는 것이 바로 엄마표 공부이고 엄마표 영어이다.

"습관은 복리로 작용한다. 돈이 복리로 불어나듯이 습관도 반복되면서 그 결과가 곱절로 불어난다. 어느 날 어느 순간에는 아주 작은 차이여도, 몇 달 몇 년이 지나면 그 영향력은 어마어마해 질 수 있다."
– 제임스 클리어

# 02

/

파닉스 공부에 필요한 자료

"이 세상에 모든 것 다 주고 싶어 나에게 커다란 행복을 준 너에게"
– 동요 〈이 세상에 모든 것 다 주고 싶어〉 가사 중에서

이 노래를 들을 때면, 코끝이 찡하다. 정말 이 세상 모든 엄마는 한마음으로 자녀들에게 모든 것을 다 주어도 아깝지 않을 것이다. 나 또한 자녀에게 내가 할 수 있는 것을 모두 다 해주고 싶었다. 그래서 가장 먼저 시도한 것이 태교였다. 몸에 좋다는 것은 꼭 챙겨 먹었고, 태교에 좋다는 음악, 교양 프로그램, 독서 등 다양한 운동 활동 등을 했다. 하지만 현실

은 다르다는 것을 알기까지는 얼마 걸리지 않았다.

시은이가 6개월 쯤 되었을 때의 일이다. 바로 엄마, 아빠를 말하는 신동이었다. 모든 부모는 자기 자녀가 신동이라고 생각한다. 나는 욕심을 내어 영어와 한국어를 섞어서 말하며 시은이에게 노출하기 시작했다. 단어로 시작했던 영어가 어느덧 문장으로 변했고, 8개월이 지났을 때는 단어 카드를 노출하며 파닉스를 들어가려고 했다. 그런데 나는 시은이를 정말 모르고 있었다. 시은이는 계속 노출로 인하여 귀는 어느 정도 트여 있어 영어로 대답하면 이에 맞는 반응을 보였다. 하지만 대답은 하지 않았다. 예를 들어, 영어 버전 콩순이 유튜브를 보고 있을 때, 콩순이가 울고 있을 경우,

"Sieun, she's crying. Please, tell her not to cry. I am so sad."

이렇게 말하면, 시은이는 우는 표정을 지으며, 울고 있는 제스처를 하며 손으로 화면에 터치하며 콩순이 얼굴을 닦아주었다. 나는 그렇게 시은이가 체화되고 있는 줄 알았다. 하지만 나의 착각이었다. '귀는 열린 거 같은데 왜 입은 말하지 않을까?' 그래서 한껏 더 욕심내어 파닉스를 바로 시작했다. 방법은 바로 핸드 파닉스 블록과 어플을 사용하는 것이었다.

처음에 어플 사용은 꿈도 못 꾸었다.

블록을 활용하여 소근육 발달만 할 뿐이었다. 기차를 만들고 색깔을 보며 빨강색, 파랑색을 비교하고, 그렇게 친해지기부터 했다. 그 후, 어플을 보여주며 Sing Along에 시은이는 빠져들었다. 콘텐츠는 이퓨처의 스마트파닉스(Smart Phonics)였다. 어학원 교사로 일하던 시절부터 익숙했던 교재여서 너무 좋았다. 시은이가 사과를 보며 좋다고 『사과가 쿵!』하면서 1세 때 읽었던 책을 기억해냈다.

연계되는구나! 인풋이 필요하구나!

영어 교사였던 나는 콘텐츠 활용의 중요성을 크게 깨달았다. 그중에서도 멀티미디어의 콘텐츠 활용이 정말 중요했다. 여기서 그 콘텐츠의 방향은 물론 아이들의 관심사, 흥미와도 직접적인 연관이 꼭 필요하다. 엄마들도 알다시피, 봄이 되면 꽃이 피고, 3월이면 아이들이 새 학기를 맞이한다. 5월이면 가정의 달 행사들, 다시 말해 각 시즌마다의 행사들을 기억해두자! 미리 관련된 콘텐츠에 대해 단어 또는 단어 찾기, 관련 이미지, 스토리 등을 가볍게 노출해주면서 인풋을 주자! 그러면 누리과정에 맞춰서 아이들에게 단어와 함께 파닉스를 연계하여 다양한 배경지식을 쌓게 할 수 있다. 이것이 바로 엄마표 영어이다. 사교육에서는 해주지 못하는 엄마만 특별히 해주는 교육!

여기서 엄마들이 힘들게 느껴지는 것이 바로 자료 찾기이다. 나는 시은이 사례를 제시하고자 한다. 기술은 정말 놀랍다. 내가 할 수 없는 일을 뚝딱 할 수 있는 것이 기술 아닌가! 책으로 읽어주고 함께하는 시간도 해줄 수 있지만 할 수 없는 부분이 있었다. 그것은 멀티미디어의 영역이었다. 이것을 커버할 수 있는 방법은 바로 어플이었다. 나는 핸드파닉스 블록과 어플을 사용했다. 그곳에서는 정말 방대한 자료들이 가득했다. 우리가 할 수 없는 전문 자료들은 교재와 어플들을 활용하고, 인터넷을 활용하면 된다.

파닉스를 공부할 때 이용할 만한 사이트들은 정말 다양하다.

'Free Phonics Worksheets', 'Kids Club', 'Kiddy House' 아이들이 게임

을 원할 때 핸드폰 대신 종이를 주는 것도 현명한 방법 중 하나이다. 나는 주로 시은이에게 색종이를 잘게 오려서 모자이크 놀이를 통해 알파벳 쓰기 대신 모양 만들기를 했다. 그리고 몸으로 A 또는 E 만들기 등 다양한 웃긴 행동들을 하며 서로 이렇게 할 수 있냐며 '몸으로 말해요'를 했다.

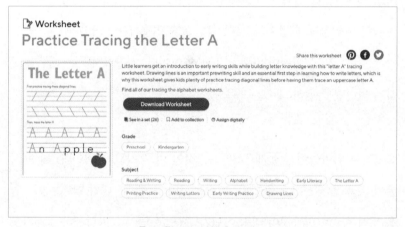

Free Phonics Worksheets

해당 사이트는 나에게는 정말 무기와도 같았다. 비밀무기!

나는 학생들을 가르쳤을 때, 교재와 함께 구글에서 CVC word game을 검색해서 자료를 찾았다. 그러면 정말 다양하고 재미있는 자료들을 찾을 수 있다. 그리고 그 자료들을 통해 아이스 브레이킹에 사용했고 그렇게 자료들을 모아 파일에 기록해두었다. 아이들은 매일같이 같은 패턴 속에 공부보다도, 새로운 게임이나 다양한 활동을 통해 영어를 배우고 신나는 기분으로 본 수업에 임하면 언제 시간이 흘렀는지 벌써 수업이 마치니 너무 재미있어 했다. 그렇게 학기가 마치고 수업이 종강이 되면 학습했던 과제물들을 책으로 만들어서 집으로 보내주었다. 아래 메시지와 함께 말이다.

학습 진행 상황 안내 메시지 및 칭찬 유도 메시지 전달

해당 메시지를 바로 확인한 아이들은 눈시울이 붉어지는 것을 나는 바로 볼 수 있었다. 아이들 노력의 결실이다. 그러면서 아이들이 한마디씩 한다.

"선생님, 저 단어 찾기 할 때, 정말 힘들었는데 결국은 다 찾았던 거 아시죠?"

아이들도 인정받고 싶어 한다. 그때를 놓치지 않고 다가가서 힘껏 응원해주었다.

파닉스 레벨이라고 결코 쉬운 레벨이 아니다. 오히려 더욱 신경을 써주어야 할 레벨이다. 가장 손이 많이 가고, 복습, 패턴적으로 반복을 많이 해줘야 할 레벨이다. 나는 꼭 두 번 이상 반복하며 파닉스를 단계별로 노출시켰다.

시은이게는 웅진, 윙크 핸드파닉스, YBM 머핀잉글리쉬, 영어 원서, 세이팬 등 다양한 방법을 통해 파닉스 과정을 노출하였지만, 뚜렷한 성과를 거둔 것은 딱 이것이라고 말하기가 어렵다. 모든 것들이 도움이 되었다. 웅진, 윙크 프로그램을 통해서 다양한 책과 배경지식을 쌓게 되었다. 핸드 파닉스는 어플을 통해 멀티미디어 콘텐츠 노출을 극대화하여 Speaking, Voca, Sing Along 등 폭넓은 영역을 할 수 있었다. YBM 머핀잉글리쉬는 정말 가성비가 너무 좋다. 리유져블 스티커를 통해 집안 곳곳 스티커를 붙여서 블록펜으로 콕콕 찍어가며 음가, 단어, 문장을 알 수 있었다. 그리고 스토리 북까지, 연계할 수 있어 정말 좋은 기회였다. 문제는 시은이의 관심이 그리 오래가지 못했다.

엄마표 영어의 장점은, 내 아이가 원하는 방법에 맞춰 무엇이든 시도할 수 있다는 것이다. 실패라는 것이 없다. 다행히 직업이 MD여서 여러 콘텐츠를 테스트해볼 수 있었고 그중에 시은이는 스케치북, 색종이, 색연필이 가장 잘 맞는구나! 깨달았다. 멀티미디어가 필요하다면 유튜브나 핸드 파닉스, 그리고 ELT 교재에 들어 있는 스마트 CD를 활용하면 되겠다! 이 정도였다! 많은 돈 들일 필요 없다. 파닉스는 영어와 놀면서 친해지는 단계이다.

　아이에게 많은 인풋을 줘야 하므로 꾸준한 책 읽기를 기반으로 다양한 놀이를 통해 도전해보자! 엄마는 할 수 있다!

# 03

/

## 듣기는 음악으로 시작해보자

필리핀 유학 시절, 선교사님 댁에 있던 아이들에게 가장 먼저 물어봤던 것은 언제 귀가 트였냐는 것이었다. 첫째였던 성수는 6개월이 지나니 영어가 들리기 시작했다고 하였고, 그 뒤 둘째 진실이와 은실이는 5개월과 3개월 그리고 막내인 성찬이는 아예 필리핀에서 태어나 현지인이라고 하며 웃으며 말했다. 그때, 나는 다짐했다. '좋았어! 나는 1년 안에 해내고 말겠어.' 목표는 아주 거대했다. 목표를 실행하기 위해 나의 노력은 간단했다. 매일 현지인들과 대화하는 것이다. 아침 7시부터 오후 2시까지 학교에서 정규 수업을 하고 하루 2시간씩 하는 개인 과외 이 정도면 나의 귀는 충분히 영어에 질리도록 노출되어 있지 않은가! 그래서 나는 1년 후면 충분히 영어를 다 알아들을 수 있을 것이라 생각했다. 하지만 이 것은 큰 착각이었다. 하교 후, 돌아오면 한국어를 사용하고 다시 아이들과 한국어로 대화를 시작했다. 나의 귀는 아주 잠시만 노출되어 있었을 뿐이였던 것이다.

영어를 습득하는 것은 모국어 익히듯 결국은 많이 듣고, 읽다 보면 자연스럽게 체화되어 말하고 쓰게 된다. 아주 단순한 원리이다. 나는 그렇게 될 것이라 확신했다. 하지만 이와 반대로 현실은 가혹했다. 집으로 돌아오면 자연스럽게 사용하는 모국어 때문에 영어 실력이 도통 늘지 않았다. 하루 평균 영어 노출 시간을 8~10시간이라 가정한다면, 실제 주 5일 40시간 듣기만 하고 실제 내가 들은 것을 입 밖으로 소리 내는 것은 몇 시간이나 했을까? 이것이 문제였다. 평균적으로 이민 간 아이들이 말문이 트이는 데 초등학교 저학년 기준으로 약 6개월 걸린다고 한다. 여기서 이 데이터를 가정하면 1,400시간, 그리고 이것을 12시간으로 잡으면 무려 2,000시간을 말이 나오기 위한 임계량으로 보면 매일 3시간씩 영어를 듣는다고 가정하면 2시간씩이면 3년이 걸리는데 왜 나는 1년이 지나도 영어가 다 들리지 않았던 것일까? 무엇이 잘못된 것일까?

실제로 내 주변에서는 영어를 메인으로 사용하지 않은 것이 문제였다.

주변 친구들은 따갈리쉬를 사용하였다. 영어와 따갈로그를 혼용하여 사용해서 나는 1년 후에는 따갈리쉬를 더 잘 사용할 수 있게 되었다. 나의 귀는 영어도 잘 들을 수 있었지만 현실은 필리핀에 잘 살 수 있도록 최적화되었던 것이다. 현지화 말이다.

나는 도저히 안 되겠다 싶어, 세실 과외 선생님에게 현재의 문제점에 대해 고민을 이야기하였고, 선생님이 방법을 제시해주었다.

매일 1시간씩 좋아하는 영어 음악을 듣고 들리는 것을 따라 적어보기였다. 그리고 그 가사를 제대로 적고 내가 기재한 것과 비교하기였다. 비교 후, 올바르게 수정한 후 바르게 따라 부르기. 이렇게 해서 한 달에 2~3곡 마스터하기였다.

이 과정이 바로 흘려듣기와 집중 듣기의 과정이었다.

내가 했던 흘려듣기는 다음과 같다. 사촌 동생과 나 그리고 어머니가 종종 다녀가셨지만 너무나도 외로웠던 유학 시절이었다. 밤하늘에 별을 보려고 나와 있는데 밖에서 한 여자아이가 기타를 치며 노래를 불렀다. 그 노래는 힐송(Hillsong)의 〈Here I am to Worship〉이었고 우리는 정말 큰 감동을 받았다. 나는 그날부터 mp3에 힐송의 노래를 다운받을 수 있다면 가능한 전부 다운받아서 듣기 시작했다. 그리고 적기 시작했다. 그렇게 나의 고등학교, 대학교 일부 시절을 보냈다. 대학교 1학년 때, 나는 앙고노(Angono) 리잘(Rizal)이라는 왕복 4시간 거리에 살고 있었다. 아침 7시 30분 1교시 수업을 들으려면, 새벽 5시에 나와야만 했다. 그렇게 나는 매일 힐송 노래를 4시간을 들을 수 있었다. 그로 인해 나의 귀는 어느 정도 영어에 익숙해져 있었다. 수업 시간 교수님과 대화하며 웃고 친구들과 토론하고 필리핀 생활을 즐길 수 있었다.

내 친척 동생이 나와 동일한 대학교에 입학하고 2학년이 되었을 때, 우리는 파식(Pasig)이라는 곳으로 이사 갈 수 있었고, 그때 서야 왕복 2시간 거리로 줄일 수 있었다. 그리고 나는 그때, 힐송 노래 듣는 것을 멈췄다. 그 이후, 나는 가급적 힐송 원곡 특히나 그 4시간 동안 들었던 곡들을 듣지 않으려고 한다. 그때의 기억 그 길들이 너무 생생히 기억이 나서….

나는 정말 혹독하게 노력했던 것 같다. 우리 아이들에게는 이런 방법으로 흘려듣기와 집중 듣기를 해줄 필요는 없다. 나의 사례를 공유했을 뿐이고, 아이들에게는 조금 더 좋은 방법을 제안하겠다.

시은이의 경우, 핸드 파닉스 블록과 유튜브를 이용했다.

초기에는 다양한 콘텐츠를 사용하는 것이 어려울 것으로 생각되었다. 레벨에 맞는 콘텐츠 사용과 함께 성향에 맞는 콘텐츠를 찾는 것이 나에게는 먼저였다. 시은이는 흥이 있어 액티비티한 콘텐츠를 찾고 있었다. 멀티미디어 콘텐츠와 배경지식을 넓혀줄 리더스를 같이 노출해주기로 하였다. 바로 키즈송과 리더스 콘텐츠였다. 이 모든 것을 한 번에 해결해 줄 수 있는 것이 핸드 파닉스 블록이였고, 구버전부터 사용했던 것을 업 그레이드 버전에서도 계속 사용했다. 구버전은 책과 함께 사용할 수 있 었고, 업그레이드 버전은 앱과 연동이 가능했다.

구버전의 핸드파닉스 블록

물론, 자료를 찾으면 더 좋은 자료들이 있겠지만, 영어 강사 시절, 파 닉스 콘텐츠 중 이퓨처 콘텐츠들이 워낙 좋다는 것을 알고 있었기에 고 민 없이 핸드 파닉스 블록을 선택했다.

Sing Along 학습 중 Ant, Bug and Cat 콘텐츠

　듣기에는 특별한 기술이 필요 없다. 가랑비에 옷 젖는 줄 모른다는 속담처럼 조금씩 스며들게 하는 것이 가장 큰 비법이다. 시은이는 핸드 파닉스 블록을 10분 이상 하지를 못했다. 3세 아이가 5분 이상 집중하는 것이 더 대단한 것 아닌가! 나는 이에 만족하고 바로 유튜브 또는 책 읽기를 통해 계속해서 다른 활동으로 이어나갔고 듣기는 지속해서 다른 방법을 통해 노출해주었다. 자기 전에 꼭 클래식을 들으며 시은이의 귀를 열어주고 있다.

　여기서 엄마들이 꼭 하면 좋은 습관 꿀팁을 공개하겠다. 우리 집에는 아리아가 있다. 아리아에게 우리는 매일, 자기 전에 듣는 노래를 들려달라고 한다. 그러면 클래식 노래를 틀어준다. 이는 내가 클래식 노래를 틀어달라고 미리 요청해두었기 때문이다. 그 이유는 바로 영어 음역대는 1000~3,000Hz이고, 한국어 음역대는 800~2,000Hz이다. 그래서 모국어와 다른 음역대에 있는 외국어를 잘 듣기 위해서 미리 귀를 트이게 해주는 연습을 해주는 것이다. 처음에는 이것을 의도하려고 한 것은 아니었다. 시은이의 어린이집 원장님이 자기 전에 클래식을 틀어주신다고 하셔서, 나 또한 그렇게 하면 단잠을 자겠지 하고 시작하였는데, 책을 통해 알게 된 지식이었다.

영어 듣기를 처음 시작할 때, 나는 너무 막연했다. 외국인들이 말하나 보다가 아니다. 외계인들이 말한다는 것이었다. 하지만, 나는 이 과정을 **결국 극복했다.** 극복하는 방법은 결국 좋은 듣기 습관이다. 계속해서 듣다 보니 하나씩 내 귀에 들리게 되었고 하나가 단어가 되었고, 그것이 문장이 되었다. 마음먹기에 달려 있고 노력과 모든 것들은 습관이다. 영어 듣기, 습관화하고 시작은 음악으로 시작해보자!

# 04

/

## 모국어와 영어 귀, 동시에 열리게 하는 법

어느 날 유튜브를 보다가 너무나도 신기한 영상을 보았다. 꼬마 동양계 어린 소녀가 엘사 옷을 입고 신나게 〈겨울왕국〉 OST를 부르는 것이다. 그런데 그 아이는 영어로 부르기에는 나이가 너무나도 어려 보였다. 엄마의 입장으로 보았을 때는 너무나도 사랑스러웠다. 그런데 한편으로는 '저렇게까지 부르려면 노래를 얼마나 많이 들었을까 정말 대단하다'는 생각이 들었다. 또 다른 관점으로는 '부모님이 외국인일까?' 하는 참으로 여러 가지의 생각이 들었다.

3세 이하의 아이에게 엄마표 영어를 실천하는 엄마들이 불안해하는 점

중 하나는 모국어를 잘하지 못하는 아이에게 엄마표 영어를 할 경우, 모국어인 한국어 발달에도 영향을 끼치지 않을까 하는 것이다. 그러나 실제로 한국어만 노출한 아이의 경우 말이 늦게 터지는 사례들도 있다. 실제 주변 지인의 사례를 예로 들면, 현재 두 돌이 지났지만 이름을 불렀을 때 엄마와 눈은 마주치지만, 그 이후 어떠한 단어에도 반응하지 않는다고 한다. 다만, 손짓과 발짓을 함께 해주면 반응을 보여준다. 그래서 너무 빠르게 시기에 대해서 단정하기는 어려운 부분이 있다.

엄마표 영어는 엄마의 믿음이 가장 큰 역할을 한다. 가랑비에 옷 적시는 방법을 선택할 것인가 아니면 소나기처럼 퍼부어 온몸을 흠뻑 적셔주는 방법을 선택할 것인가는 엄마의 선택이고 또 아이의 성향을 잘 파악하여 고르면 된다. 시은이의 경우, 모든 결정권은 시은이에게 있었다. 절대적으로 콘텐츠 선택을 시은이가 하였고 나는 콘텐츠에 맞춰 놀이를 그때그때 풀어나갔다. 이게 가능한 이유는 내가 영어 강사 경험이 있었기 때문이다. 시은이는 만 1세 때부터 영어를 완강히 거부한 아이였다. 특히나 낱말카드에서 말이다. 그림책은 좋아하였다. 그래서 그림책, 유튜브, 넷플릭스, 핸드 파닉스 블록 등 다양한 디바이스를 활용한 활동은 무난하게 할 수 있었다. 이를 통해 흘려듣기와 집중 듣기를 병행할 수 있었다.

나의 조바심으로 인해 점점 더 어려워진 것은 아닌가 걱정했다. 스티커 북, 그림책, 챕터북 등 천천히 나간다고 나갔는데 모국어와 이중언어의 충돌이 시은이에게 생겨버렸다. 예를 들어, 시은이가 알고 있던 딸기가 나오면 시은이는 '딸기'라고 이야기하고 나는 그것을 '스트로베리(strawberry)'라고 말했다. 이 말을 들은 시은이는 아니라고 손가락을 좌우로 흔들며 격렬히 말한다. 그럼 나 또한 '노노노(nonono), 스토로베리 어게인(again)'이라고 말한다. 그럼 시은이는 뜻대로 되는 것 같지 않은지 울음을 바로 터트린다. 울고불고 난리가 나는 것이다. 결국, 나는 내려놓았다. 가르치려 애쓰지 않았고 천천히 기다려주었다. 시은이가 말한 대로 다시 딸기라고 외쳐주었다. 그제야 손뼉을 치며 환하게 웃는 시은이를 볼 수 있었다.

발음은 조금 새어 나가도 의사 표현은 정확한 아이인 시은이. 그런 시은이도 점점 영어가 흡수되는 것을 느낄 수 있었다. 바로 미술 활동을 하면서 말이다. 그림을 그릴 때 시은이가 좋아하는 핑크를 내가 독차지했다. 그러면서 나는 리듬에 맞추어 말했다.

"I like this color pink."

시은이는 그러면서 눈을 동그랗게 뜨고 나를 쳐다보았다. 이때다 싶어 다시 같은 패턴으로 노래를 불렀다. 이번에는 색상을 바꾸었다.

"I like the color blue."

이번에는 시은이가 일어나 춤을 추기 시작했다. 그리고 흥얼거린다. 역시 우리 꼬맹이 시은이는 기저귀 댄스가 일품이다. 그렇게 시은이의 모국어, 영어 귀는 동시에 열리고 있었다.

### 흘려듣기

엄마표 영어는 놀이로 접근하면 노출할 수 있는 방법이 많다. 시은이 처럼 활동을 좋아하는 성향은 노래를 틀어주고 흘려듣기로 서서히 귀를 트이게 해주면 된다. 특히나 같은 노래를 반복해서 들려주면 좋다. 몸으로 하는 놀이를 좋아하기 때문에 TV에 나오는 뽀로로 한국어 버전과 영어 버전을 동시에 나오게 하여 번갈아 들으면서 시은이와 컵 쌓기를 하였다. 종이컵을 쌓을 때, 단순히 쌓는 것이 아니라 TV에 나오는 문장 중 단어가 들리면 그 단어를 외쳐야 하나씩 종이컵을 획득할 수 있는 것이다. 그렇게 해서 가장 높게 쌓는 사람이 이기는 것이다.

### 집중 듣기

글자와 소리를 맞추면서 보는 것을 집중 듣기의 한 방법이라 할 수 있는데, 시은의 경우 글자를 전혀 읽을 수 없었다. 그래서 시은이는 핸드 파닉스 블록을 통하여 집중 듣기를 하였다. 핸드 파닉스 블록의 장점은 문장마다의 학습을 할 수 있다는 것이다. 사용 콘텐츠로는 이퓨쳐의 Phonics Fun Readers 콘텐츠를 메인으로 사용하였고 Sing Along이 함께 연계되어 있어 노래도 신나게 부를 수 있었다. 시은이의 시각, 청각을 다 자극해주어서 좋았다. 거기다 스피킹 학습, 단어 학습이 연계되어 있어 정말 시은이처럼 활동적인 아이가 사용하기에는 적합한 콘텐츠였다. 스피킹 학습에서는 글자와 소리를 맞추는 과정에서 정확한 발음과 억양을 들은 후 소리 내어 녹음한 것을 듣는 것이 메인 학습이었다. 장난꾸러기 시은이는 녹음 후 듣는 것이 뭐가 그리 재미있는지 녹음 후 깔깔대며 웃는 것이 포인트였다.

이렇게 노출을 시작하니 어느덧 영화까지 확장할 수 있게 되었다. 코로나로 인해 장기간 집에 있게 되었다. 넷플릭스가 있어 얼마나 감사한지. 한 시간 이상 영화에 서로 집중하며 보니 정확한 발음과 억양을 익히는 계기가 되었다. 거기서 들리는 억양을 조금씩 따라 하며 흉내를 내는 아이를 볼 때마다 웃기기까지 했다. 문제는, 그 콘텐츠를 한 달 정도 봐야 한다는 것이다. 바로 〈보스 베이비2〉이다.

엄마들 모임에 나가면 대화 주제는 교육이 다반사이다. 그중 모국어,

즉 한국어를 사용하는 대한민국 어린이들이 유튜브에서 영어로 대화하거나 노래하는 부분이 있다. 정말 그들이 뜻은 알고 하는 걸까? 우리는 흔히 언어는 소통이라고 말한다. 말 그대로 통해야 언어이다.

# 영어 글 잘 쓰는 법

"10분 남았습니다. 10분 안에 작성 마치도록 하세요."

교수님의 마감을 알리는 재촉 소리다. 하지만 나는 그 소리를 듣고도 마음의 여유가 있었다. 아직 답을 적지 않은 문제가 하나 남았지만 말이다. 4학년 대학교 졸업반 나의 모습이었다. 과연 무엇이 나의 전공 과목 서술형 시험에서 이렇게 나를 여유롭게 만들었을까! 그것은 바로 시간 안에 제출할 수 있다는 나에 대한 믿음과 확신이었다. 이 믿음과 확신은 수없이 반복해오던 책 읽기 습관과 같은 패턴의 글쓰기 방식의 습관이었다.

시험이라면 정말 끔찍했던 나이다. 객관식이면 찍고 끝나지만, 필리핀은 교수님 마음이다. 중간에 학생들의 수업 태도가 안 좋다 싶으면 바로 갑작스럽게 퀴즈를 낸다. 그러면 종이를 꺼내 바로 교수님이 질문하는 내용에 답을 적어서 제출해야 한다. 그것은 우리 성적에 반영되므로 한 순간이라도 긴장을 놓쳐서는 안 됐다. 정말 숨이 막혔던 유학 시절. 나는 그렇게 긴장을 놓지 않고 보내왔다. 그나마 다행인 것은, 나에게 좋은 습관이 나를 견디게 해주었다. 좋은 습관은 바로, 책 읽기와 필사였다.

말을 잘하는 것과 조리 있게 말하는 것은 다르다. 그렇다면 글을 쓸 줄 아는 것과 잘 쓰는 것도 다르다는 것이다. 다시 말해, 영어책을 쉽게 읽고 또 영어 일기 또는 기본 의사 표현을 할 줄 안다고 가정해보자. 이 친구는 정말 글을 잘 쓰는 아이일까? 몇 줄 정도는 잘 써 내려갈 수 있을 것이다. 하지만 곧, 사용할 수 있는 언어는 한계에 부딪힐 것이다. 이와 반대로, 영어책을 또는 모국어 책을 많이 읽은 아이들은 생각나는 대로 써 내려가기 때문에 막힘없이 표현할 수 있을 것이다. 나의 경우, 책 읽는 것뿐 아니라, 명언이나 좋아하는 문구들을 반드시 필사를 통해 모아놓았다. 그리고 한국 가요 또는 팝송 등 멋진 문구들이 나올 때면 항상 머릿속에 외워두었다. 서술형 답을 기재할 때 결론에 기재하면 임팩트를 줄 수 있기 때문이었다.

한글은 잘 쓰는데 영어로 글쓰기는 어렵다? 그것은 듣기 또는 영어책 읽기 양이 부족하다는 뜻이다. 충분하게 인풋을 심어주면 실력은 반드시 결과로 나오게 되어 있다.

한번은, 미국 문학(American Literature) 시간이었다. 인종 차별에 대해 배우고 있었다. 이것을 시로 표현하는 것이 남은 10분 동안의 과제였다. 순간 여기저기서 한숨이 들려왔다. 하지만 나는 몹시 흥분됐다. 중학교부터 서점에 가면 시집부터 고르던 나였다. 그만큼 시를 써 내려가는 것이 행복했다. 또 서프라이즈 과제 또한 어느 정도 준비하고 있었다. 교수님의 패턴이었다. 에세이 작성 또는 발표가 전부였을 텐데…. 시라는 점이 당황스럽긴 했지만 말이다. 이때, 나는 인종 차별과 가장 반대되는 단어를 생각했다. 그럼 자유 아닌가? 차별받기 싫은 사람은 자유를 갈망할 것이다. 그러면 여기에 사용될 단어들을 나열하였고 그와 관련된 한국 노래들을 생각해보았다. 꿈, 자유, 희망 찾았다! 신화의 〈Once in a life time〉! 나의 제목이다. "Once in a life time fly to the sky." 이렇게 멋있게 나의 첫 문구가 시작되었다. 바로 신화의 첫 노래 가사와 함께 말이다.

영어만 열심히 그리고 잘한다고 글을 잘 쓰는 것은 절대 아니다. 글을 잘 쓰려면 콘텐츠가 있어야 하고 그 콘텐츠는 바로 배경지식, 인풋에서부터 온다. 그러려면 독서! 다독을 해야 한다. 그리고 책의 장르를 편식하지 않고 다양하게 읽음으로 지식을 넓혀야 더욱 도움이 된다. 그러면 자연스럽게 모국어의 어휘뿐 아니라 이중언어의 어휘도 늘어날 것이고 같은 단어라도 조금 더 고급스럽게 사용될 것이다.

나는 글을 잘 쓰는 연습을 하기 위해, 유명인들의 스피치를 필사하는 것을 꾸준히 연습해왔다. 그들의 장점들을 그대로 본받고 싶었고, 그들의 어휘들을 사용하고 싶었다. 이것 또한 나에게 큰 도움이 되었다. 유명인들이 특별한 장소에서 스피치를 하려면 단순히 원고가 나오는 것이 아니다. 어휘 선정에도 노력을 기울이고 청중을 휘어잡는 어구와 문법을 사용한다.

그리고 정말 기본적으로 이것은 알고 가자!
한국인이라고 문법에 맞게 말하고 글을 쓰는 사람은 과연 몇 프로나 될까? 하지만, 우리는 그렇게 수능을 치르고, 서술형에 당당히 글을 쓰며 제출한다. 영어 글쓰기 또한 그렇다. 문법, 스펠링에 너무 지나치게 신경 쓰다 보면 중심을 놓치게 된다. 나는 앞에서도 언급했듯이 정말 노력형이었다. 그래서 글을 길게 적으면 표현하고자 하던 의도를 놓칠 때가 있었다. 그래서 내가 생각해냈던 것은 '3형식으로 표현하자'였다. 주어+동사+목적어 이렇게 말이다.
'나는 성공할 것이다.' 이렇게 문구를 적고 그다음 무조건 왜냐하면

(because) 또는 그렇게 생각한 이유를(the reason why I thought about it) 적었다. 그에 대한 설명을 기재해 내려갔다. 그게 나만의 비법이었다.

## Julee's 영어 글 잘 쓰도록 도와주는 꿀팁!

1. 배경지식을 채워주기! : 다독, 다양한 콘텐츠를 통해 폭넓은 지식을 익히자.
2. 매일 기록하고 필사를 습관화하기! : 좋아하는 가사, 기사, 유명인의 스피치 등을 필사하거나 외워두자.
3. 나만의 방법으로 핸디캡 극복하기! : 나만의 특별 문구, 또는 단어 등을 만들기.
4. 글 쓰는 내용에 뒷받침 근거, 이유를 충분히 제시할 수 있도록 지도하기!
5. 무조건 칭찬하기!

# 06

/

## 영어 말하기 잘하는 법

"Arms⋯Arms⋯Arms."

"Spare me a peace of bread. I am so hungry."

필리핀 고등학교로 편입한 지 4개월쯤 되었을 때다. 그렇게 기다리던 마지막 기말고사. 4학년으로 올라간다니 믿어지지 않았다. 하지만 기말고사를 앞두고 큰 고민에 빠졌다. 그것은 바로 실기시험으로 있을 스피치였다. 영어 담당 선생님이셨던 헬렌(Helen) 선생님은 특별히 나에게 세 문단만 외우라고 하셨지만 세 문단은 이미 A4 용지 한 장 분량이었다.

선생님에게는 배려지만 나에게는 지옥과도 같았다. 단어 열 개 외우는 것도 힘들던 시기다. 그때 당시로 돌아가서 기억하자면 말이다. 뭐가 그렇게 힘들었던지 모든 생각이 삐뚤기만 했다.

친구들은 정말 잘하고 있는 것 같았다. 진행 속도가 빨랐다. 나는 아무리 해도 'Arms' 이 단어에서 다음을 넘어가지를 못했다. 심지어 어떤 친구는 제스처까지 하면서 리허설을 하기도 했다. 나는 이때부터 한국에 가고 싶었다. 도망가고 싶은 생각이 머리끝까지 차올랐다. 현실적으로 내 나이 열여덟이지만 같은 반 친구들은 열여섯이었다. 맞다. 나는 꼰대였다. 저 어린 친구들 앞에서 영어를 못하는 나 자신도 싫었고 고작 Arms 다음을 못 외우고 있는 나 자신이 너무 비참했다. 용기도 없어서 제스처를 하는 것도 부끄러워하는 나 자신 말이다.

주변을 둘러보니 눈에 보였다. 준비하는 친구들, 그렇지 않은 친구들. 나는 어느 부류에 속할 것인지 내적 갈등이 시작되었다. 공부 못하는 대한민국 출신 Julee가 될 것인가 아니면, 못했어도 노력은 했었던 Julee가 될 것인가.

다행히도 나에게는 친구들이 있었다. 그것도 아주 공부 잘하는 모범생 친구들 말이다. 함께 다니는 친구들은 모두가 성적이 우수하였고, 그 친구들과 함께 있으면 공부 분위기가 형성되어 할 수밖에 없었다. 나는 한 명만 콕 찍어 무턱대고 따라 하기 시작했다. 드디어 이게 무슨 내용인지 이해가 갔다. 하나하나의 단어 뜻을 모르니 도대체 무슨 내용인지 몰랐는데 그 친구의 목소리, 그리고 행동들, 눈빛 등을 보니 이게 어떤 내용인지 느낌이 왔다. 실은 아예 포기하려고 연설문 자체를 연구하지도, 아니 쳐다보지도 않고 앞에 문장에서 멈춰 있었다. 하지만 나의 첫 번째 스피치는 성공적으로 마쳤고 선생님은 엄지를 번쩍 올려주셨다.

영어 말하기를 잘하려면 어떻게 해야 할까? 그렇게 연습하고 연습했는데도 불구하고 외국인들 앞에만 서면 숨는 아이들. 막상 앞에 서면 개미 목소리처럼 점점 목소리가 작아지는 아이들. 도대체 무엇이 문제일까? 아이들마다 성향의 차이라고도 할 수 있겠지만 나는 동기부여라고 생각한다. 내가 왜 해야 하는지와 같은 목적, 동기부여가 없어서이지 않을까?

과거의 나를 생각해보자. 도망가는 내가 될 것인지 아니면 노력하는 내가 될 것인지를 두고 고민했다. 하지만 주변 친구들을 보니 모두 노력하는 모습이었다. 그리고 그들은 하나같이 나보다 어린 친구들이었다. 몹시 부끄러웠다. 나보다 어린 친구들도 저렇게 연습하는데 도대체 나는 무엇을 하는 걸까? 다른 친구들에 비해 적은 분량을 배정받은 것도 자존심 상하는데 그것마저도 포기하려는 안일한 생각을 했다니. 그때 번쩍 정신 차렸다. 우리 아이들에게도 무엇을 할 때 분명한 목표가 필요하다. 내가 해야 하는 이유. 그것만 명확하다면 무엇이든 할 수 있다. 해도 되고 안 해도 된다는 것은 없다. 방향이나 목표를 아이가 찾지 못한다면 찾을 수 있게 도와주는 조력자 역할을 엄마가 해주면 된다.

한번은 영어학원 강사였던 시절, 매일 혼자 앉는 여자 학생이 있었다. 그래서 이유를 물어보니 내성적인 성격에 낯가림도 심하고 친구 만드는 것이 어렵다며 조심스럽게 설명해주었다. 결국 나는 그룹으로 앉게 하였다. 둘씩 짝지어 앉는 자리를 그룹으로 앉게 하여 더 이상 혼자가 아니게 했다. 그렇게 했더니 이번에는 학생이 크게 따라 말하지 않기 시작했다. 자신의 목소리를 누군가가 듣는 것이 몹시 부끄럽다는 것이 이유였다. 기다림이 필요했다. 그래서 나는 이때부터 팝송과 무비 클래스 수업을 정규 수업 시작하고 10분 동안 병행했다. 아이들이 흥에 빠져 환호성 치기 시작했다. 단어 시험 치는 것보다 노래 한 곡 부르고 시작하는 것이 좋다는 것이다. 올드팝, 키즈 송, 음악부터 시작했다. 〈Lemon Tree〉, 〈Dancing Queen〉, 〈A Whole New World〉 등 가볍게 따라 부를 수 있는 노래로 아이들과 함께했다. 내가 더 신나는 건 기분 탓일까? 선생님이 신나서 노래 부르니 아이들이 좋다고 웃으며 같이 어깨를 들썩이며 함께했다. 그러니 여학생도 함께하기 시작했다. 정말 감동이었다. 함께하고 있었다.

무엇이든 함께하면 못 해낼 것이 없다. 아이는 '선생님, 제발 도와주세요.'라고 말하고 싶었을 것이다. 나도 아이들과 함께 앉고 싶고 나도 크게 말하고 싶다고 외치고 싶었을 것이다. 그렇지 않으면 학원을 올 필요가 없지 않은가. 이미 아이들은 High Intermediate 레벨이었다. 그렇다면 프리토킹이 가능한 친구들이었다. 다만, 아이들에게는 약간의 자극이 필요했다. 그러므로 자극을 주었고, 조금 더 높은 레벨을 가기 위해 CNN NEWS를 들려주었다. 아나운서들을 따라 모방하게 했다. 먼 훗날, 너희들도 그와 같이 할 수 있다는 것을 보여줄 수 있게 말이다. 그래서 나도 그랬듯이 아이들도 암기해서 직접 아나운서가 되어 발표하도록 준비해보게 하였다. 물론 시간이 걸렸지만 멋지게 해내었다.

처음 음악을 시작한 이유는 아이들 레벨보다 낮은 레벨을 선택하여 관심과 흥미를 끌기 위해서였다. 그래서 영어가 쉽고 재미있다. '우리 할 수 있다!' 이것을 느끼게 해주고 싶었다. 그리고 무엇이든 준비체조가 필요하다. 우리 몸, 정신, 그리고 모든 곳에 긴장을 주고 싶었다. 더 높은 곳을 가기 전에 말이다. 그렇게 CNN NEWS 그리고 결국은 다른 유명인의 연설문 등 다양한 경험을 할 수 있게 되었다. 만약, 우리가 처음부터 CNN NEWS를 접하거나 영어신문 Intermediate 레벨에 맞게 시작했다면 어땠을까? 아이들은 영어에 두려움을 느끼지 않았을까?

영어를 말하는 것은 아웃풋의 영역이다. 인풋을 잘 주었어도 아웃풋을 끌어내는 과정은 다르다. 이것 또한 엄마들이 아이의 성향에 맞추어 잘 다루어줘야 하는 부분 중 하나이다. 학원 강사였던 시절에는 학원에서 사용했던 플랫폼을 사용했기 때문에 다양한 콘텐츠를 손쉽게 사용했었다. 하지만 엄마표 영어를 하는 엄마들의 경우, 집에서는 유튜브, 인터넷 등 다양한 디바이스 등을 활용해서 손쉽게 자료를 찾을 수 있다. 만약 자료 찾는 것이 어려우면, 현재 직접 시은이의 성장 과정 및 여러 자료를 공유하기 위해 올려놓은 네이버 카페에서 자유롭게 내려 받을 수 있다.

영어 말하기를 잘하는 방법은 간단하다. 아이가 문자나 책 읽기 등을 좋아한다면 책 읽기를 통해서 따라 읽는 것이다. 그렇게 크게 따라 읽기로 영어를 즐길 수 있고, 오히려 비주얼과 시각적인 자극이 필요한 아이들은 유튜브, 또는 인터넷 등 플랫폼을 통해서 노출을 통해 따라 말하기를 하면 된다. 가장 좋은 방법은 엄마와의 소통 그리고 외국인과의 직접 소통이 최고이다. 이 세상에서 가장 행복한 방법이라고 말하고 싶다. 엄마와 대화하는 순간만큼 아이가 평안함을 느끼는 시간이 또 있을까!

"엄마, 오늘 우리 무슨 일 있었는지 서로 얘기해보자."
"Okay, Let's talk about today. What happened to you my dear?"

# 07

/

## 알아두면 좋은 4 Skills 놀이법

"나는 엄마랑 노는 게 제일 좋아요."

이런 이야기를 들을 때, 나의 입꼬리는 광대까지 치솟는다. 왠지 모르게 내가 세상의 주인공이 된 것만 같고 시간이 멈추어버린 것 같다. 마치 시간을 사버린 것 같은 느낌이랄까. 왜냐하면, 게임을 직접 만들어서 우리만의 규칙과 게임으로 놀기 때문이다. 그 놀이를 통해 시은이는 행복하다고 표현해주니 너무 뿌듯하다.

놀이를 통해 엄마표 영어 공부를 할 수 있다고? 주변에서는 그게 놀이지 공부냐는 식으로 비아냥거린다. 가르치기 싫으면 사교육을 하라고 말한다. 나는 아이와 놀고 시간을 나누고 싶다. 그러면서 내가 가지고 있는 재능, 그리고 노력으로 얻은 것들을 나누고 싶다. 나의 어머니로부터 물려받은 모국어, 열심히 타국에서 외로움과 긴 시간 노력으로 얻은 영어 실력, 사회에 나와서도 계속 잊지 않기 위해 노력한 시간과 외국인과 만나면 소통할 수 있다는 자신감까지 이 모든 것들을 잘하지는 못하더라도 나의 소중한 딸에게 전해주고 싶었다. 공부로 무언가를 얻는다는 것은 본인이 원하지 않을 경우에는 머릿속에 오래가지 못한다는 것을 알고 있기에 놀이로 전해주는 것이 나의 바람이었다. 그렇게 나의 엄마표 영어는 놀이로 시작했다. 시은이와 함께 말이다.

이런 놀이 어떠세요?

우리는 종이 하나로 해결했어요!

누가 뭐라고 해도 우리 3세 꼬마 아가씨에게는 자유로운 낙서가 최고이다. 끼적이기를 통해서 다양한 색상들을 알게 해주었다. 남편 이모님이 화가이셔서 그런지 몰라도 유난히 그림을 그리고, 끼적이는 등 종이 오리기를 좋아했다. 시은이는 종이 하나만 있으면 그 자리에서 1시간 이상을 활동할 수 있었다.

1. 자유롭게 표현하게 해주세요.

1-1. 자유로운 그림을 그리게 함으로 아이의 상상력을 무한대로 펼쳐
보게 해주세요.

1-2. "무엇이든 그려보렴.", "Let's draw together.", "I am happy to
draw with you.", "빨간색으로 그려보았으니 이번에는 노란색으
로 그려볼까?", "This time I want to draw yellow color."


2. 약간의 줄다리기는 필요해요.

무한정의 시간보다는 마감 시간을 주어서 다음 시간을 또 기다리게 해
주세요. 그 시간에 대해 기다림으로 다음에는 더 알차게 그림을 그리더
라고요.


3. 칭찬은 필수예요.

직선으로 그리기, 동그라미 그리기, 세모 그리기 등 아이의 사소한 그
리기, 끼적이기에도 칭찬해주세요. 아이의 자존감이 올라가서 더욱 선들
이 정갈하고 곱게 그려진답니다. 때로는 창의적인 그리기도 나와요.


4. 종이를 오려보면 어떨까요?

종이를 길게도 찢어보고 짧게도 찢어보고, 가위 사용도 해보면서 다양
한 방법으로 찢고 오려보세요. 길다, 짧다, 많다 등 다양한 표현 방법을

나타냄과 동시에 아이들 스트레스 해소에도 큰 도움이 됩니다.

5. 그림 숨바꼭질 시작.

그림에 나만의 스무고개를 하는 거예요. 엄마는 이거 모를걸? 하면서 아이가 10가지 힌트를 주고 저는 맞추기 시작해요. 정답은 냉장고였어요. 네모를 그리고 그 안에 사과, 우유, 그리고 딸기를 그려주었지요. 그래서 정답! 냉장고하고 맞춘 적이 있어요. 냉장고는 영어로 뭘까요? 하고 다시 스무고개가 시작되어요.

## 6. 멀티미디어 & 북 콘텐츠를 연계해서 놀이해요!

종이, 색연필, 다양한 놀이로 아이와 놀았다면, 이번에는 디바이스를 통해서도 놀이해보자. 청각과 실생활에 사용하는 언어들을 들려주기 위해 유튜브와 키즈 송, 그리고 넷플릭스에 있는 영화 등 다양한 콘텐츠를 노출해주었다. 그리고 추가로 웅진북클럽, 윙크 학습, 핸드 파닉스 블록, 플레이 팩토, 보드게임 등을 놀이로 활용하여 영어 노출을 극대화하였다.

모국어와 영어를 동시에 노출하기도 하였고 시은이의 컨디션과 니즈를 최대한 맞추어주도록 노력했다. 비교적 예민한 아이여서 그런지, 한 번 좋아하면 그 영상을 꽤 오랜 기간 봐야 했으므로, 다른 영상이나 음악으로 넘어가기까지 기다림이 필요했다.


아이가 웃을 때 함께 웃고 있는 엄마. 바로 나 자신이었다. 엄마표 영어를 하면서 더욱더 성숙해지는 나 자신을 볼 수 있었다. 간단한 놀이가 정말 다양한 아이디어가 되고 큰 감동이 된다는 것을 알고 모든 것이 소중해졌다.

우리 아이들은 언어뿐 아니라 상상력 또한 너무나도 좋다는 것을 엄마들은 알고 있어야 한다. 그 무한 상상력의 세계를 아이와 함께 즐겨보자. 아이뿐 아니라 엄마 역시 엄마표 영어 시간을 매일 기다리게 될 것이다.

## 5장

# 엄마의 믿음이
# 엄마표 영어를
# 성공으로 이끈다

# 01

/

## 아이 영어 실력은 집에서 자란다

　한번은 친구에게 급하게 연락을 받은 적이 있다. 남편과의 마찰로 인해 자녀들을 잠시 봐달라는 연락이었다. 얼마나 중요한 이야기이길래 그럴까 싶어 알겠다고 하며 아이들을 데리고 우리 집에서 함께 시간을 보냈다. 부부의 문제야 두 부부가 알아서 할 문제이지만 아이들의 건강이 걱정되었다. 그 후, 아이들 건강에 대해 친구에게 물었고, 친구들은 정말 놀랄 이야기를 내게 해주었다. 첫째 아이가 계속해서 틱 증상을 보인다는 것이다. 너무나도 속상했다. 그 어린 것이 얼마나 속상했을까. 세상 해맑게 웃으며 '이모' 하며 불렀던 것이 떠올랐다. 도대체 무엇 때문에 부부가 싸운 것이고, 그 싸움으로 인하여 예쁘고 착한 조카의 건강에 적신호가 온 건지 물어봐야 속이 시원할 것 같았다. 알고 보니 교육 문제였다고 한다. 첫째의 개인 과외를 추가하는 부분이 문제였다고 한다. 엄마는 개인 과외를 더 해서라도 미래를 준비해주고 싶었고 아빠의 입장은 지금도 충분하다는 것이었다.

팔은 안으로 굽는다고 나는 친구의 마음에 공감이 갔다. 너무나도 공부를 잘하고 무엇이든 스펀지처럼 잘 흡수하는 아이다. 조금만 더, 계속해서 해주고 싶은 게 부모의 마음 아닌가. 능력이 되는데 더 해주고 싶으니 기회가 왔을 때 잡고 싶은 게 당연하다. 다만, 여기서 친구의 가장 큰 실수는, 아이가 그것을 원하는지 물어봤으면 더욱 좋았을 것을 말이다. 만약 여기서 물어보고 그 과외를 진행하였다면 친구의 남편도 정말 긍정적으로 동의했을 것으로 생각한다. 그러면 공부를 시키는 것이 되었을 것이다. 아무래도 과하다고 생각했으니 학대를 하는 것으로 생각하지 않았을까?


갑자기 엄마표 영어를 이야기하다 인권까지 이야기하니 놀랄 수도 있지만, 이 부분은 중요한 이야기이다. 엄마표 영어를 한다고 하시는 분들의 사례를 보면 실제로 집에서 강압적으로 하시는 분들도 있다. 나는 아이들이 자유로운 분위기에서 하기를 원한다. 그리고 그래야 한다고 생각한다. 하지만, 엄마의 욕심으로 아이들의 자유를 박탈하고 강제로 집에

머물러 공부해야 한다면 이보다 끔찍한 시간이 어디 있겠는가?

"40 페이지 읽으라고 했잖니."(소리치며 말하기)

"숙제 안 했어? 왜 안 했어?"

"옆집 아이는 한글을 다 읽는데, 너는 도대체 언제 읽을 거니?"

"아니 어제 배운 건데 이걸 기억 못 하니?"

"여기까지 하고 쉬라고 했잖니. 아직도 못 한 거야?"

위의 내용들을 자녀에게 말해본 경험이 있다면 안타깝게도 아동 학대에 속한다. 실제로 부모에 의해서 아이들이 겪는 인권 침해가 더욱 심각하다. 언어폭력에 아이들이 노출되는 경우가 많다. 어린 시절부터 강요된 공부 과정은 아이들에게 트라우마로 남게 된다. 결국은 이 상처가 곪아서 그대로 남아 사춘기로 성장해버리면 부모와의 갈등이 깊어질 것이 분명하다. 대화가 없어지거나 서로의 골이 깊어져 관계가 회복될 수 없는 사이가 될 수도 있다.

소중한 사람일수록 더욱 아껴주어야 한다. 무조건 잘해준다고 해서 아이들은 행복해하거나 내 편이라고 생각하지 않는다. 아이들이 원하는 것은 교감이다. 통하는 것을 원한다. 나의 이야기를 들어주고, 나와 함께 있어주고 내가 원할 때 옆에 있어주기를 원하는 것이다. 그리고 무엇보다 자녀들이 원하는 가장 큰 평안함은 바로 가족 구성원의 행복으로부터 온다. 이 모든 것이 갖추어진 가정환경에서 엄마표 영어가 시작된다면 아이의 영어 공부 환경은 정말로 행복한 공부 환경이 갖추어진 것이다.

한번은 따갈로그어 과외를 받기 위해 맥스(Max)라는 남자 과외 선생님 수업을 들었다. 매주 일요일 1시간씩 별도로 과외를 받았다. 나와 동갑내기였는데 꽤 근육질에 내 눈에는 너무나도 멋져 보여서 정말 매주 과외 시간만 기다려졌다. 친척 동생과 함께 듣는 따갈로그 과외 수업은 마냥 재미있었다. 잘생기고 친절한 과외 선생님이 가르쳐주시니 너무 좋았다. 문제를 틀려도 뭐라고 하지 않았다. 정말 100점 선생님이었다. 나의 외국어 과외 생활은 환상적이었다. 과외선생님 덕분에 따갈로그어도 빠르게 익히게 된 것 같다. 왜 그런 말이 있지 않은가. 타지에 가면 연애를 하면 된다고 말이다. 안타깝게도 여러분의 상상대로는 되지 않았다. 책 한 권을 끝으로 과외는 끝이 났고, 더 이상의 만남은 없었다.

짧은 경험이지만 기본적으로 선생님과의 신뢰를 바탕으로 보았을 때, 한 번도 선생님은 우리에게 큰소리를 내신 적이 없으셨다. 그리고 숙제 또한 내주셔도 10분 안에 해결할 수 있는 분량의 숙제였으므로 큰 부담이 없었다. 무엇이든 우리가 느끼기에 부담이라고 느낀 적이 없었다. 질문을 하든, 숙제를 내주든 다 재미였고 대화였다. 어떻게 과외를 하는데 그것이 가능하였을까? 그리고 이성이었지 않은가? 젊은 남녀였다. 과외가 끝나면 어머니에게 맥스가 좋다고 호들갑을 떨었던 것이 기억난다. 그렇게 수업은 마무리되었고 그때의 기억으로 대학교에 입학 후 필리핀어 교양 과목에서 한 번도 공부한 적이 없다. 공부 없이 당당히 1점을 받았다. 필리핀에서는 1점이 한국의 100점과 같다.

공부 환경, 그리고 조력자, 학생과의 관계 이 삼박자의 중요성! 너무나도 중요하다. 집에서의 환경과 엄마와의 관계 그리고 엄마가 자녀에게 주는 믿음과 신뢰와 사랑! 그것이면 엄마표 영어는 가득 채워질 것이다. 그것 하나로 충분하다.

"지금 어린이를 기다려주면, 어린이들은 나중에 다른 어른이 될 것이다. 세상의 어떤 부분은 시간의 흐름만으로 변화하지 않는다. 나는 어린이에게 느긋한 어른이 되는 것이 넓게 보아 세상을 좋게 변화시키는 일이라고 생각한다."
– 김소영, 『어린이라는 세계』

# 02

/

## 능력보다는 노력을 칭찬하라

"1시간 뒤에 리허설 할 테니 다시 준비하도록 하세요."

본부장님의 불호령이 떨어졌다. 입사한 지 몇 시간만에 한 달 뒤, 전국 세미나를 진행해야 하니 준비하라는 업무를 인계받았다. 그 후, 일주일이 지났을 때, 청취닷컴 임원 및 팀장님들을 모시고 1차 리허설을 진행했다. 너무 떨렸다. '아무리 경력직 채용이라도 입사하자마자 전국 세미나라니….' 망연자실했다. 그리고 그 결과 1차 리허설은 정말 말로 표현 못할 정도로 나 스스로에게 실망스러웠다. 이때, 조용히 화장실에 가서 눈물을 닦으며, 어느 누구 하나 나에게 위로 한마디 해주었다면 하고 혼자서 되새겼다.

그렇게 여러 번의 리허설을 마친 후, 나는 전국 세미나를 무사히 마칠 수 있었다. 서울 종로 토즈점을 시작으로 대전, 대구, 부산, 등 전국구를 누리며 청취닷컴 프로그램 및 샘플 수업을 직접 안내하는 세미나였다. 그때 내 나이 26세였다. 내 나이 스물여섯, 전국 청취닷컴 가맹점 원장님, 영어 선생님 앞에서 세미나라니 꿈만 같았다. 마지막 일산 세미나를 마치고, 본부장님이 말씀하셨다.

"이젠, 날아다니겠어. 열심히 준비하더니, 오늘 아주 잘했어."

이 말씀 하나로 나는 무대 울렁증을 극복했다. 그리고 강사라는 자부심을 다시 한 번 느낄 수 있었다. 여러 번 있었던 리허설과 그 속에서 들었던 많은 혹평. 나의 자존감은 바닥을 치고 있었다. 이뿐 아니라, 내로라하는 영어 관련 종사자들 앞에서 강의를 해야 하다니! 스스로에 대한 자격지심이 가득했었던 나였기 때문에 본부장님이 인정해주시는 한마디는 나에게 무기와도 같았다.

Highlights Library 세미나

"가장 훌륭한 기술, 가장 배우기 어려운 기술은 세상을 살아가는 기술
이다."
– 메이시

그렇게 나는 더욱 강해졌고, 청취닷컴 메인 강사라는 타이틀을 내게
주셨다. 그 후, 전국 세미나, 소규모 강사 교육 등 모든 기획을 메인으로
맡아서 진행하게 되었다. 신입사원 1개월 후에 생긴 일이다. 하루아침에
얻은 성과는 아니었다. 리허설이 있는 날이면, 새벽 3시에 일어나 6시까
지 리허설을 혼자서 했다. 그리고 7시 30분까지는 회사에 도착해서 8시
까지 다시 한 번 스크립트와 동선을 체크하며 연습했다. 그 결과는 너무
달콤했다.

여러 번 진행했던 리허설 속에서 실수할 때마다, 매의 눈으로 쳐다보셨고, 또 내가 다음 리허설에서 동일한 실수를 하는지 확인해주신 본부장님이 계셨다. 본부장님은, 내 노력을 아셨다고 확신한다! 본부장님의 어렸을 적 별명은 신동이라고 하셨다. 본부장님은 타고난 재능과 끼가 많으신가 보다. 하지만, 난 달랐다. 무엇이든 노력해야 얻는 노력형이었다. 칭찬은 단 한마디와 당일 팀 회식이 전부였지만, 내게는 그 어떤 칭찬보다도 감사하고 값을 매길 수 없었다.

아이의 마음을 읽어주는 멋진 부모가 바로 나라고 생각해본 적은 있는가. 그런 생각을 해본 적이 없다면 오늘부터 실행해보도록 하자. 엄마의 공감과 경청, 그리고 믿음 속에서 더욱 굳세어지는 내면이 바로 자존감이다. 이것은 어떠한 어려운 상황 속에서도 스스로 일어설 수 있도록 해주는 힘의 원천이다. 결과만을 중요시하지 말고, 그 준비 과정을 조금 더 깊게 들여다보고 공감하며 응원해주자. 아이가 부모에게 인정받는다는 것은 세상 그 어떤 것보다 귀한 선물로, 자신이 부모에게 사랑받고 신뢰받고 있다는 믿음으로 더 큰 에너지를 얻게 될 것이다.

"성공을 위한 특별한 비결은 없다. 성공은 준비와 노력, 그리고 실패에서 얻는 배움의 결과이다."

미국의 전 국무장관 콜린 파월이 말했다. 실패에서 얻는 배움의 결과! 얼마나 멋진 말인가! 나는 어떠한 프로젝트에서 한 번의 문서 작성 또는 보고를 통해 좋은 성과를 받은 적이 없다. 계속해서 스크립트, PPT를 수정하고, 그 안에서 다른 기본 업무들을 해야 했다. 그리고 최소 2차 이상의 리허설을 거쳐야 파이널 리허설이라는 단어를 들을 수 있었다. 그 노력의 과정은 정말 너무 고독했다. 어두운 터널 속에서 밝은 빛이 나오기를 바라며 걷고, 달리고를 여러 차례 반복해야만 하는 과정. 그 길은 우리 자녀들이 현재 감당해야 할 큰 과제이다. 물론, 자녀뿐 아니라 우리 개개인에게도 주어진 일들에 대한 노력이 필요하겠지만, 지금 우리는 아이에게 어떻게 하면 이중언어, 즉 영어를 더 쉽고 재미있게 습득할 수 있게 하는지 이야기하고 있기 때문에 자녀라고 선을 지어 말하겠다.

살면서 내게 있는 것을 누군가에게 나누어주려 한다고 가정할 때, 가장 어려운 것이 바로 교육이라고 생각한다. 교육이 어렵다고 생각하는 이유는 사람마다의 성격, 기질, 그리고 자라온 환경 등 너무나도 다른 특성 때문이다. 그런데 이것을 어떻게 한 가지 또는 단 몇 가지의 방법으로 통일해서 교육시킬 수 있겠는가!

자녀마다 각기 다른 방법으로 접근해서 교육해야 한다. 특히나 엄마표 교육은 말이다. 그 과정에서 노력하고 있는 자녀들에게 끊임없이 자존감을 올려주는 언어를 사용해야 한다. 그것만이 우리 아이가 지치지 않고 함께 앞으로 성장할 수 있는 방법이다.

나의 대학교 시절, 목표는 빠른 졸업과 좋에 곳을 취직하기였다. 그런데 어느 순간 집안이 경제적으로 어려워져 생활비, 학비 등에 대해 고민해야 했다. 그래서 나의 목표를 변경하였다. 장학금을 받아보자고 말이다.

1학년 성적은 겨우 통과였다. 그렇게 2학년으로 올라갔을 때, 교양 과목과 전공 과목을 더 다양하게 들을 수 있었고, 나는 이때 내가 장학금을 받아야만 한다는 생각만으로 공부에 전념했다.

한국인 유학생들은 신입생 환영회, 한국인들 사모임 등 다양한 모임
이 있었지만, 나는 어느 곳에도 소속될 여력이 없었다. 오로지 집, 학교,
도서관 이렇게만 2년 동안 생활하였고 그 결과 2학년 2학기부터 성적이
올라가기 시작했다. 영어를 전혀 모르던 18살 소녀가 University of the
East(이하 UE)라고 하는 필리핀의 한 대학교에서 장학금을 받을 수 있
었다. 그것도 영문학과(AB-English)에서 말이다. 교수님들은 칭찬을 아
끼지 않으셨다. 나는 더욱 적극적으로 교무실을 찾아가 모르는 것을 집
요하게 질문했고, 또 최대한 공강이 없게 하려고 노력했다. 그 빈 시간에
도서관에서 공부하는 이동시간이 아까웠다. 또 목표 달성을 위하여, 풀
타임 수업을 다 들으려고 일정을 가득 채웠다. 그래야만 조기졸업이 가
능했기 때문이다. 그렇게 이루어 낸, 수업료 반액 장학금. 그리고 마지막
학기는 전액 장학금이라는 좋은 결과를 얻었다. 전액 장학금을 받으려면
성적이 평균 1.3이하여야 한다. 필리핀은 만점을 1점으로 한다.

필리핀 친구들은 이해하지 못했다. 한국인이 왜 장학금을 받아야 하느
냐고. 내가 악착같이 공부해야만 했고, 전공 과목에 대한 성적이 부족할
것 같다면, 바로 담당 교수님이 지도하셨던, 모임이나 학교 행사에 적극
적으로 참여하여 점수를 커버할 수 있었다. 정말 열심히 했다.

English Week 행사 활동 사진

　나를 이렇게 타지에서 버틸 수 있게 했던 것은, 친구들의 격려 그리고 지도 교수님의 응원이었다. 다행히도 고등학교 영어를 지도해주셨던 선생님이 UE 영문학과 교수님으로 오셨고, 그 인연으로 나는 교수님들과 더 친해질 수 있었다.

　엄마의 진정한 격려, 칭찬 한마디가 아이의 어깨를 더욱 세워줄 것이다.

# 03

/

## 외국인과 소통하는 아이로 키워라

밤 11시. 모두가 퇴근하고 없는 빈 사무실. 노트북 3대를 TV와 메인 노트북에 연결한 후 가운데에 앉는다. 오늘의 주인공은 바로 나다. 미국 하이라이츠(Highlights) 출판사의 대표님과 임직원을 모시고 콘퍼런스 콜을 할 예정이다. 추가 참여자는 한국의 청취닷컴 임직원들과 하이라이츠 한국 지사장님, 그리고 중국에 출장 중인 청취닷컴 본부장님이다. 호스트로는 나, 줄리(Julee)가 내정되었다. 생각이나 해보았겠는가? 영알못 꼬맹이가 외국인과 소통하는 영어 연구소 책임 연구원으로 성장하리라는 것을.

'구슬이 서 말이라도 꿰어야 보배'라는 말처럼 '실천'이 없으면 모든 게 그림의 떡이다. 이것저것 걱정하고 궁금해하기만 할 뿐 실행에 옮기지 않으면 아무 소용없다. 우리 아이가 영어 말하기를 잘하려면, 외국인과 소통하려면 어떤 방법으로 해야 할까 고민했다. 그러다 나의 경험을 바탕으로 생각해보았다.

필리핀에서의 유학 생활은 처음과 끝이 너무 달랐다. 처음에는 입을 벌리기가 너무 어려웠다. 점심시간이면 같이 밥 먹을 친구가 없어서 자는 척해야 했다. 하지만 대학교 마지막 학기가 되었을 때는 영어로 말하는 것이 두렵지 않았다. 문법은 신경 쓸 필요도 없이 어느 순간 수다쟁이가 되어 있었다. 따갈로그어(필리핀어)로 달달(daldal)이라고 외국인 친구들은 나를 놀려댔다. 입만 열면 말이 쏟아져 나왔으니까. 나의 입은 폭주 기관차가 되어 있었다. 나의 감정, 표정, 손짓, 발짓, 눈썹의 위아래 움직임들이 의사 표현을 대신 해주기도 했다.

그런데 내가 이런 수다쟁이 콘셉트를 더욱 부각시킨 이유가 또 있다. 바로 나의 베스트 프렌드 미샤 때문이다. 미샤는 서울 엄친아다. 얼굴도 하얗고 날씬하며 남자친구도 있었다. 다 가진 셈이다. 그런 그녀는 또 과묵하기도 했다. 웃긴 이야기를 쉴 새 없이 하는 내 옆에서 수줍게 보조개를 보이며 웃곤 했다. 그래서 내가 더욱 수다쟁이가 되었나 보다.

우린 서로의 베스트 프렌드가 되었을 뿐더러 경쟁자가 되었다. 같이 장학금을 받으며 졸업하게 되었다. 한 명은 수다쟁이, 한 명은 조용한 엄친아. 그렇다고 둘의 영어 실력이 다를까? 성향의 차이일 뿐 우린 서로 경쟁하며 함께 성장하고 있었다.

더글러스 브라운은 『외국어 학습 교수의 원리』에서 언어 능력과 수행을 다음과 같이 정의했다.

"언어 능력(competence)은 하나의 체계, 사건 또는 사실에 대한 사람의 기저 지식을 말한다. 이는 어떤 일을 하고, 무엇인가를 수행하는 능력을 말하며, 눈으로 관찰될 수 없는 것이다. 수행(performance)이란 분명히 관찰할 수 있는 구체적인 능력의 표현 또는 실현이다. 이것은 실제로 어떤 행위, 즉 걷고, 노래하고, 춤추고, 말하는 일 등을 말하는 것이다."

간단히 말하자면, 엄마표 영어의 초기 목표를 다시 되새겨보라는 것이다. 엄마들은 아이들이 외국인들 앞에서 자신이 원하는 것을 스스로 표현하는 아이가 되기를 바란다. 그 때문에 엄마표 영어를 하길 원했다. 그러려면 엄마들은 아이의 입에 자유를 주어야 한다. 다시 말해 문법으로부터 자유를 주어야 한다. 아이에게 너는 할 수 있다는 믿음과 자존감을 충분히 심어주었다면, 아이는 스스로 입을 벌리고 신나게 말할 것이다. 그것이 무엇이든 말이다.

청취닷컴 근무 시절 가맹 학원 대상으로 1년에 한 번 마스터 컴피티션

(Master Competition)이라는 대회를 개최했다. 그때 당시, 전국 학원 중 베스트로 선정된 다섯 곳의 후보 학원을 방문했다. 그러곤 원장님, 선생님, 학생들을 인터뷰했다. 이것을 실사용자인 전국 학원 선생님들을 대상으로 투표를 실시해 베스트 학원을 선정했다. 그러고 나서 추첨을 통해 시상했는데 이때 있었던 사례를 소개하고자 한다.

실제로 현장에 나갈 때 더 살아 있음을 느끼고, 원장님과의 만남, 선생님들과의 만남에서 나는 더 자유로움을 느꼈다. 서울의 한 영어 어학원을 지사장님과 방문했을 때의 일이다. 나는 그때 만난 원장님의 긍정 에너지를 잊을 수가 없다. '원장님과 선생님들의 열정을 학부모님들이 알아줄까? 학원비가 이들의 노력에 맞는 걸까?'라고 생각할 정도였다.

드디어 기다리던 학생들과의 인터뷰 타임! 개인적인 질문을 마치고 영어 실력을 뽐낼 시간에 이르렀다. 역시나 아이들은 술술 영어를 잘 읊었다. 여기까지는 모두 예상한 시나리오였다. 하지만, 이러면 너무 재미없지 않은가? 나는 학생들을 대상으로 서프라이즈 질문을 했다.


"What is your favorite color?"


질문은 간단했다. "당신이 좋아하는 색은 무엇입니까?" 여기서 아이들의 반응은 엇갈리기 시작했다. 일부 학생은 단답형으로 '옐로', '블루', '화이트'로 대답하거나 '이츠 블루', '아이 돈 노', '익스큐즈 미' 등 제각각 자신이 하고 싶은 말을 했다. 그러나 변수가 생겨버렸다. 한 아이가 울음을 터뜨린 것이다. 나는 사전에 없던 질문을 한 것에 대해 사과하며 아이를 달래주었다.

나는 아이가 충분히 진정된 후에 개별 인터뷰를 아이의 동의하에 재진행했다. 아이는 언제 울었냐는 듯 완벽한 문장으로 인터뷰를 마쳤다. 알고 보니 낯가림이 심한 친구였고, 준비한 대로 인터뷰가 진행되지 않아 당황해 눈물이 났다는 것이었다. 낯가림이란 변수 때문에 일어난 돌발 상황이 잘 진행되던 인터뷰를 망칠 뻔한 것이다.

언어는 인풋을 채운 후 말하게 되는, 기다림의 과정이 필요한 경우와 아이의 자존감 또는 외부적, 환경적 요인으로 인해 실제 말하지 못하는 경우가 있다. 여기서는 후자의 경우를 얘기해보자. 만약, 우리 아이가 영어의 4 Skills(Listening, Speaking, Reading, Writing)를 자유롭게 구사한다고 가정해보자. 그런데 실제로 외국인과의 소통이 필요한 시점에 말 한마디 못 할 경우, 당신은 어떻게 받아들이겠는가? 무엇이 우리 아이의 입을 틀어막았을까? 이럴 때는 먼저 아이의 자존감을 높여주자. 그러곤 아래처럼 함께 노력해보자.

외국인 앞에서 입을 못 떼는 우리 아이 입 벌리기 대작전!

▶ Role Play : 부모와 짧은 이야기책을 골라 상황극을 연습해보기
  (Ready Action, movie script, popsong)
▶ Read Aloud : 좋아하는 책, 노랫말 등을 따라 읽어보기
▶ 전화 영어, 화상 영어 : 외국인과의 단시간의 시뮬레이션 연습도 좋
  다.
▶ Speech : 연설문 따라 읽기

실제 나는 이중에서 Speech와 Read Aloud 파트를 가장 많이 활용했
다. Speech를 통해 유명 인사들의 마인드를 그대로 흡수하길 원했으며,
그들의 어휘를 배웠다. 그리고 Read Aloud를 통해 노래 가사를 외워 실
제 대학교의 수필 시험과 시 작성 시에 아주 요긴하게 사용했다. 무엇이
든지 나의 무기가 되어버렸다. 여기서 엄마가 기본적으로 해주어야 할
것은 아이에게 늘 사랑한다고 말해주기! 안아주기! 그리고 목표를 달성
하고 있다며 아낌없이 칭찬해주기이다.

## 04

/

## 영어를 아이의 인생 무기로 만들어주자

사람들은 누구나 자기만의 히든카드가 있다. 다시 말하면 마지막으로 나를 지켜줄 나만의 무기 말이다. 자, 그렇다면 여기서 내가 여러분에게 묻고 싶다.

"당신의 무기는 무엇입니까?"

학기 초가 되면, 어김없이 첫 번째 활동은 자기소개이다. 학년에 따라 자기소개 활동지를 작성하는 양식은 다르게 준비했다. 비기너 또는 베이직 레벨의 경우, 최대한 단어 또는 그림을 그려 표현하는 방법을 할 수 있는 활동지로 자기소개를 할 수 있도록 준비한다. 레벨이 올라갈수록 서술형으로 작성할 수 있도록 준비하였다. 그렇게 학기 초가 되면 자기소개 액티비티 종이를 준비해서 아이들에게 나눠주었다. 기대되었다. 과연 아이들의 목표는 무엇이고 수업에 기대하는 내용은 무엇일까. 그리고 아이들이 생각하는 자신의 강점과 약점은 무엇일까. 이것을 파악하는 것은 대단한 일이다. 쉬운 질문이지만 꽤 오랜 시간 고민하게 만드는 질문이기 때문이다.

1. 당신의 강점은 무엇입니까?
2. 당신의 약점은 무엇입니까?

이 2가지 질문만 보아도 벌써 글을 쓸 때 머뭇거려지지 않는가. 서슴없이 써 내려가거나 단 한 글자 또는 단답형으로 답을 기재할 경우, 그 사람은 정말 자기 자신을 명확하게 알고 있는 사람일 것이다. 아이들마다 작성하는 방법도 다양했다. 영어가 서툰 친구들은 그림을 그려 표현하기도 했다. 또는 한국어로 표현해서 자유롭게 자기를 표현했다. 그 이유는 자기소개이다. 첫날부터 너무 터프하게 나갈 필요는 없지 않은가. 한 명씩 발표하는데 정말 아이들의 상상력은 대단했다. 상위 레벨로 갈수록 영어로 발표하는 친구들이 늘어났다. 물론 발표 시간, 사용 어휘 수준의 차이는 다양했지만 그래도 너무 감동적이었다. 드디어 제일 조용했던 제니(Jenny)의 차례이다. 그런데 이게 웬일인가. 반전의 반전이다. 수업 시간에 조용히만 있던 제니가 이번에는 영어로 술술 말하는 것이 아닌가. 도대체 방학 때 무슨 일이 있었는지 너무 궁금했다. 나는 수업을 마치고 어머니들에 오늘 있었던 자기소개를 바탕으로 상담 전화를 하기 시작했다. 드디어 기다리던 제니의 차례!

"제니와 릴레이 책 읽기를 꾸준히 했어요. 한 장씩 서로 소리 내어 읽었어요. 아마, 하루에 한 권 이상 읽었으니 100권 이상은 읽었을 거예요."

꽤 오랜 시간 동안 어머니는 제니와 엄마표 영어를 집에서 하고 있었다고 했다. 소리 내어 책 읽기, 미디어 노출, 그리고 전화영어 또한 하고 있다고 했다. 나는 어머니의 열정에 정말 감탄했다. 제니는 하고 싶은 일이 외교관이었다. 그 꿈을 위해 천천히 준비하는 중이었다. 제니의 약점이 수줍음과 남들 앞에서 말을 못 한다는 것이었는데 점점 극복하고 있는 모습을 볼 수 있었다. 이 부분을 어머니에게 안내해드렸고 어머니는 상담 과정에서 눈물을 흘리셨다. 감동의 순간이었다.

영어를 아이의 인생 무기로 만들어주기 위한

부모가 갖춰야 할 능력 3가지

부모는 먼저, 자녀의 니즈를 명확하게 알아야 한다. 자녀가 무엇을 원하는지 무엇을 하고 싶은지 말이다. "단순히 커서 뭐가 될래?"라는 추상적인 질문은 하지 말자. 어떤 일을 하고 싶고 왜 하고 싶은지를 명확하게 알고 부족하거나 도와주어야 할 부분이 무엇인지를 알아보자. 그것을 파악한 후, 다양한 경험을 쌓을 수 있도록 해주는 것이 필요하다.

첫째, 아이에 대한 무한 믿음을 주자. 이 세상 모든 아이는 부모에게 인정받고 싶어 한다. 인정받고 칭찬받았을 때의 성취감과 뿌듯함. 그 느낌으로 다음에 더 잘해야겠다는 동기부여를 받게 된다. 아이에게 믿음을 주는 만큼의 안정감은 큰 선물이다.

둘째, 아이와의 끊임없는 소통을 하자. 아이와의 소통을 통해 알 수 있는 것이 너무 많다. 아이가 무엇이 필요한지, 지금 아이에게는 정서 발달, 인지 발달 중 어느 발달이 선행돼야 하는지, 아이가 어느 한쪽 부분에 너무 치우쳐 몰입하고 있는 것은 아닌지 대화를 통해 알 수 있다.

셋째, 부모도 함께 공부하자. 아이에 대해 알아가기 위해서는 부모 또한 배움이 필요하다. 전문인에게 상담받고 문의하는 것도 좋은 방법이다. 전문 지식을 통한 배움을 통하여 알아보는 것 또한 추천한다.

나 역시 모르는 것은 항상 책을 통해서 그리고 주변 전문인들의 도움을 받아 채우기 시작한다. 배움은 언제나 내 삶을 풍요롭게 한다. 그렇게 내 안에 하나씩 채워질 때 그것을 실행하면 자신에게 만족감과 성취감은 기쁨의 두 배가 된다.

한번은 넷플릭스 외국 드라마 중 하나를 시은이와 시청하고 있었다. 히어로에 관한 이야기였다. 꼬마 영웅들이 탄산음료에 멘토스를 넣으며 외계인들로부터 탈출하는 장면이었다. 정말이지 그렇게 지나가는 이야기로만 기억하였는데 시은이가 남편과 편의점에 다녀오더니 정말로 탄산음료와 멘토스를 사온 것이다. 꿈에도 몰랐다. 천진난만하게 웃고 있는 시은이의 밝은 웃음 속에 숨겨진 의도를 말이다. 시은이가 방긋 웃으며 사이다를 열어달라고 하며 내게 안겼다. 마침 목도 마르겠다 아무 생각 없이 사이다를 여는데 어찌나 신나게 달려왔던지 사이다가 시은이와 나의 몸에 분수대처럼 뿜어 넘쳐흘렀다. 그 많던 사이다는 어느새 반 정도가 되어버렸고 웃음이 가득했던 시은이의 얼굴은 눈물로 범벅이 되어 있었다.

"엄마가 망쳐버렸어요. 이러면 어떻게 해요. 여기에 멘토스를 넣어야 한다고요."

여섯 살 시은이 입에서 나온 소리이다. 망쳐버렸다고 한다. 시은이의 과학 탈출 실험을 말이다. 사죄를 해야 할 판이다. 꼬마 과학자의 실험을 망쳤으니 다시 가서 사이다를 사 와야겠다고 엄마 손을 붙잡고 나가자고 하는 귀여운 아가씨. 나는 이때 깨달았다. '이젠 과학 공부도 해야 하는구나.' 왜 멘토스를 넣으면 분수처럼 뿜어 나오는지 물어볼 것이 분명하다. 나는 분명 더 바빠질 것이다. 이거 영어로 또 준비해야겠구나. 그럼 의상은 무엇으로 준비하지? 장소를 어디로 세팅할까? 벌써 시작되었다. 엄마표 영어 과학 놀이터 말이다.

# 05

/

## 엄마표 영어로 더 넓은 세상을 만나게 하라

"당신은 더 넓은 세계로 나갈 준비가 되었습니까?"

이 질문을 들으면 나는 몹시 설렌다. 당장이라도 저 넓은 곳에 나가서 힘차게 달리고 있는 캥거루를 만나고 싶다. 그리고 타임머신이 존재한다면 과거로 돌아가 프랑스 파리로 가서 살아보고 싶다. 베르사유 궁전 그 멋진 곳에 가서 꽃내음도 맡아보고 싶다. 그뿐인가. 영국 여왕님이 계신 다과회에도 참석해보고 싶다. 엄청나게 크고 긴 드레스를 입으며 말이다. 정말 나의 꿈 많은 10대는 무엇이 그렇게 바빴는지 이런 로망들도 없이 글에 파묻혀 시간을 보냈다. 오로지 목표는 졸업이었다. 그리고 한국으로의 복귀 아니면 성공이었다. 왜 이런 낭만을 꿈꾸지 못했을까? 10대는 그렇게 졸업이 목표였다면 20대는 어떠했을까? 돈과 성공이 목적이었다. 사회로 나와서 목표는 집 장만하는 것과 나의 안정적인 직업 그리고 사회인으로서의 나의 가족 구성원 만들기였다. 왜 그렇게 채움과 인정받음에 목말랐을까? 즐기는 것도 생각하면 좋았을 텐데. 또는 나누는 것도 말이다. 이제 생각해보면 누군가가 나에게 조금만 천천히 가도 괜찮다고 말해주면 좋았을 것 같다. 회사가 끝나면 과외 또는 공부방을 차려서 투 잡, 쓰리 잡을 했었다. 그렇게 해서 악착같이 돈을 벌었고 20대 중반에 집을 마련했다. 유년 시절 잘살았던 과거와 달리 한순간 망해버린 아버지의 사업으로 나는 혼자 일어서야 했고, 한국에 돌아왔을 때 1년 가까이 이모 집에서 살아야 했다. 그렇게 돈을 모았고, 바로 집을 마련했다. 너무나도 감사했다. 작은 평수라도 내 집이 있음에. 대학교 때 제법 통통했는데 한국에 돌아오면 취직이 안 될까 염려되어 악착같이 살 뺐던 것도 생각이 난다. 어린 20대 초반에 겪어야 했던 것들이었다. 영어를 잘한다고 해서 일이 술술 풀리는 것이 아니었다.

영어는 단순히 언어일 뿐이다. 하나의 언어, 무기를 가지고 있을 뿐. 이것을 어떻게 활용하고 또 적용하는지에 따라 나의 몸값이 달라진다. 나는 한국으로 돌아오기 전에 TESOL 수료 과정을 미리 마쳤다. 할 수 있는 자격증 준비를 미리 해두었다. 이쁜 아니라, 자동차 자격증 또한 방학 때 미리 준비해두었다. 아르바이트가 들어오면 가리지 않고 했다. 한국에 잠시 들어오면 이마트든 무엇이든 단 3일이더라도 아르바이트하며 시간을 보냈다.

    졸업 후, 이력서를 넣는 기간 동안 남는 시간이 있었다. 조기졸업을 했기 때문에 11월에 한국에 돌아왔는데 취업 시즌이 아니었다. ○○휴게소에 취직하겠다고 이력서를 넣었는데 어머니께서 꾸짖으셨다. 휴게소에서 일하라고 내가 너를 필리핀에 보냈냐고 하시는 것이다. 나는 다르게 생각했다. 휴게소에서는 숙소를 제공해주고 교대 근무이기 때문에 돈을 쓸 일이 없을 거로 생각했다. 돈 모으기에 최적의 장소라고 생각한 것이다. 돈 버는 것에는 일을 가리지 않는 나와 시선을 따지는 어머니를 이해할 수 없었다. 결국 취직하기 전까지 청원 근처에서 단기 아르바이트를 할 수 있었다. 미국인 검역관을 통역하는 일이었다. 너무 행복했다. 내가 미국인 검역관을 통역하다니! 그리고 대전에 거주하는 나를 위해 직접 픽업까지 와주셨다. 마치 의전 같았다. 그리고 이 일을 마친 뒤, 정규 업무로는 강사를 하였지만, 강사를 하면서도 아르바이트는 계속 들어왔다. 바로 번역과 통역이었다. 외삼촌을 통해 일이 들어왔는데 MAX 야구방망이를 국제 공인받는 것이었다. 국제 대회에 나갈 때는 공인 받은 야구용품을 사용해야 하는데 이것을 하는 업무였다. 환상적이었다. 내가 이런 중요한 일을 한다니!

너무나도 감사한 일이 가득하였다. 영알못 Julee이다. 정말 그 꼬맹이 Julee가 이렇게 성장하였다. 'Arms' 이 단어밖에 몰라서 포기하고 한국 가고 싶다고 도망치고 싶은 아이였는데 국제 대회에 나갈 야구 선수들을 위해 번역과 통역을 준비하고 있다니. 게다가 한화 이글스에 투수로 오게 된 카림 가르시아 선수의 야구 배트를 후원하게 되었는데 담당 통역으로 맥스 배트 대표로 가게 되었다. 카림 가르시아가 누구인가! LA 다저스에서 뛰던 선수가 아닌가! 나에게 이런 기회가 오다니 너무나도 소중했다.

조금 더 영어에 집중하고 싶었다. 그래서 영어 온라인 교육 솔루션 대표회사인 청취닷컴이라는 곳으로 이직하게 되었고 여기서 나의 두 번째 기회가 찾아온다. 처음에는 대한민국 어학원 원장님들을 직접 찾아뵙고 인터뷰를 할 수 있는 기회를 얻게 되었다. 입사하자마자 일어난 일이다. 그뿐 아니라 전국 세미나를 통해 스물여섯 살에 바로 전국 무대에 청취닷컴 대표 강사로 기획부터 강사까지 모든 것을 기획하고 무대에 서게 되었다. 물론 정말 많은 가르침을 받았다. 무대 울렁증 극복까지 노력에 노력을 정말 죽을 각오로 했다. 노력한 것이 무너지지 않게 하려고 말이다. 그 결과, 퇴사 전에는 영어 연구소로 보직이 변경되었고 책임 연구원으로 일하다가 출산 준비로 퇴사하게 되었다. 이 과정에서 정말 나에게 중국 출장 및 바이어 미팅 등 다양한 기획 등을 맡게 해주셨다.

준비된 자에게 기회가 온다. 내가 만약, 영어를 하지 못했다면, 아니 영어를 해도 노력하지 않는 태도로 살았다면 어떠했을까? 무엇이든 쉽게 포기하는 그런 성격이었다면 어떠했을까? 정말 다행히도 주변에는 감사한 분들만 가득했다. 부족함을 채워주려고 노력해주시는 분들. 강의해야 하는데 무대 울렁증으로 눈빛과 목소리가 흔들렸었다. 그걸 알아채신 본부장님이 잘할 수 있도록 노하우를 알려주셨고, 직원들끼리의 커뮤니케이션이 어려우면 잘할 수 있도록 그 당시 이사님과 팀장님이 강의를 들어보라고 하시고 조언 등을 해주셨다. 그리고 PPT 작성에 막혀 야근하는 일이 잦을 때면 밤늦게 사무실로 찾아오셨던 타 부서의 이사님이 계셨다. 다양한 사이트를 알려주시면서 들어가서 참고하라고 하셨다. 이렇게 주변에서 돕는 분들이 많았다. 너무나도 감사한 일이 가득했다.

영어 하나만 잘하는 것이 아닌 준비된 자로 천천히 안내해주는 것 또한 엄마표 영어만의 매력이다. 최근에는 시은이와 밥상머리 교육을 시작했다. 주제는 화장실에서 방귀를 뀐 아이가 있는데 그 친구를 과연 아는 척해야 할지 아니면 모른 척해야 할지를 토론했다. 주제가 특별하지 않나! 시은이니까 가능하다! 지금은 한국말로 토론했지만, 시은이가 중간중간 영어를 섞어가며 "No no no."를 외치는데 너무 귀여웠다. 'but', 'yes' 등 아는 단어를 총동원했고 내가 영어를 사용해 완벽하게 말했을 때는 어깨를 올리며 "I don't know."를 외쳤다. 그것은 한국말 찬스라는 뜻이다. 우리만의 사인이 하나씩 쌓여간다.

오늘도 우리의 토론은 시작한다. 주제는 '엄마의 립밤은 왜 계속 바르고 싶은가'이다. 차곡차곡 쌓여가는 엄마표 영어 놀이. 그리고 습관들! 그것들이 우리 아이에게 큰 힘이 될 것이다. 경험들이 하나의 초석이 되어 밑바탕이 되어 있기 때문에 사회의 일꾼으로 나아갈 때 무슨 일이 있어도 쉽게 해낼 수 있을 것이다.

# 06

/

## 엄마의 대화법만 바꿔도 영어가 즐거워진다

머선129, 무물보, 쿠쿠루삥뽕, 삼귀지, 킹받네, 만잘부, 반모, 서타일, 서타벅스, 와이라노, 남아공, 빠태, 주불, 핑프, 어쩔티비, 쉽살재빙, 좋댓구알, 삼귀다, 700, 5959, 킹리적 갓심.

지금 이게 무슨 단어들인가 싶을 수 있다. MZ세대들이 사용하는 신조어들이라고 한다. 남들과는 다른 이색적인 단어 사용. 망설임 없이 자신의 의견을 말하고, 디지털에 익숙해진 그들은 언어 표현에 구애받지 않고 원하는 것을 거침없이 표현한다고 한다. 사람과 사람이 대화할 때 서로 알아들을 수 있는 단어를 사용해야 하는데 만약 서로가 알아듣지 못하는 단어를 사용하거나 상대방의 기분을 언짢게 하는 단어를 사용한다면 혹은 이해하지 못할 것을 알아차리고 일부러 그렇게 단어를 선택하여 말한다면 상대방의 기분은 어떠할까? 대화에도 지혜가 필요하다는 것을 우리는 분명히 알고 있다. 하지만 우리는 때론, 제일 가까운 사람에게 가장 큰 실수를 저지를 때가 있다. 바로 상처가 되는 말로 말이다.

아이는 엄마의 부정적인 말을 들을 때, 그리고 지시하거나 명령을 하고 길게 설교를 늘어놓으면 자존감이 낮아진다. 그리고 바로 이런 생각을 하게 된다. '우리 엄마 맞아?' 요즘 들어 시은이가 내게 하는 말이다. '우리 엄마 아니야. 우리 엄마는 내게 그러지 않아.' 정말 여섯 살 시은이는 날마다 다르다. 다 내가 말을 지혜롭게 못 해서 그러는가 보다 하고 얼른 말을 다시 고쳐 담는다. 공감을 필요로 하는 아이에게는 "~그래서 그랬구나.", "~해주겠니?", "~하면 좋을 것 같은데." 등 권유의 말과 공감의 말로 표현해주면 아이는 바로 수긍하며 적극적인 표현을 해준다. 하지만 이와 반대로 "안 돼.", "하지 마.", "혼난다." 이런 부정적인 말을 사용하게 되면 아이 또한 부정적인 말로 표현하게 된다. 엄마의 말 습관을 아이도 그대로 물려받게 되는 것이다.

아이의 성장 과정에서 엄마의 사랑은 정말 중요하다. 특히 엄마표 영어를 하는 과정에서는 따뜻한 말 한마디가 아이에게는 큰 힘이 된다. 아이는 따뜻한 위로의 말 한마디를 통해 정서적인 안정을 느끼고 자신은 사랑받고 있다고 느낀다. 이러한 아이들의 공통점은 심리적으로 안정되며 자존감이 높다. 그리고 공동체 생활에서 원만한 관계를 유지한다.

또 어떤 가정은 특별한 대화가 없는 집도 있다. 그럴 경우, 대화를 증진해야 한다. 좋은 부모는 자녀와 대화를 많이 하는 부모이다. 소통하는 부모이다. 자녀와 대화를 잘하는 부모만큼이나 노력하는 부모가 있을까.

한번은 수업 시간에 한 문장씩 돌아가면서 읽어보기로 했다. 학생들이 잘 읽고 있는데 유난히 한 친구의 목소리가 작았다. 그 친구의 이름은 새라(Sarah)였다. 평상시의 모습과는 너무나도 달라 보였다. 아무렇지도 않게 물어본 나의 실수였다.

"새라야, 오늘따라 이상하네. 조금 더 크게 읽어주겠니? 잘 안 들리네."

이 말이 끝나자마자 새라는 울음을 터트렸다. 그날 새라는 학교에서 담임 선생님에게 크게 혼이 나서 풀이 죽어 있었던 모양이었다. 반 아이 중 일부는 같은 반이어서 이미 알고 있었던 모양이다. 말로 상처받은 아이에게 다시 말로 상처를 주다니…. 새라는 곧 진정했고 바로 수업을 이어갈 수 있었다. 아이들은 말 한마디로도 쉽게 상처받는다는 것을 다시 한 번 몸으로 느꼈다.

아이들이 클수록 대화하기가 힘들어질 때가 있다. 그럴 때는 차근차근 설득하거나 얼굴을 마주 대하고 아이에게 진정성 있게 다가가야 한다. 때로는 눈도 마주치기 싫다고 대화를 거부할 때 아이는 정말 사랑받고 싶고 존중받고 싶어서 그럴 수 있다. 그럴 때는 아이에게 조금 시간을 주도록 하자.

아이가 혹시라도 의견이 달라 부모와 언쟁을 벌이는 경우가 있다면, 서로 불필요한 감정싸움을 할 필요는 없다. 서로 잘못된 부분에 대해 빠르게 인정하는 것이 멋진 모습이다. 아이와 대화를 나누고 우호적인 태도를 보여주는 것이 더욱 멋진 모습이다.

대화할 때, 아이를 존중하며 대화하고 있는지 꼭 기억하자. 아이가 엄마를 부를 때 나의 시선은 어디로 향하고 있는가? 혹시 싱크대에 고정되어 있지는 않은가? 아이와 대화할 때는 눈을 마주치고 대화하는 것을 추천한다. 상대의 눈을 바라보며 '네 이야기를 들을 준비가 되었다'고 알려주는 시그널을 꼭 보내주자. 들을 준비가 되었다면 듣고 난 후에 답변해주자. 이때의 답변은 서로 여러 번 대화가 오고 갈 수 있는 질문이면 좋다. 만약, 아이와의 대화에서 매끄럽지 못하다면 간단하게 아래의 꿀팁 대화법을 참고하길 바란다.

## Julee's 끊이지 않는 꿀팁 대화법

1. 소(So) 대화법 : 상대방의 대화가 끝나면 so를 붙인다.

ex) I met my friend Jina.

**So?**

Well··· I went to cafe to drink a coffee.

2. 와이(why) 대화법 : 상대방의 대화가 끝나면 why를 붙인다.

ex)  I couldn't sleep last night.

**Why?**

Because I was so hungry last night.

3. 하우(How) 대화법 : 상대방의 대화가 끝나면 how를 붙인다.

ex) I made a cake for my mom.

**How?**

It's my one of big secret.

혹시라도 대화하는 과정에서 감정을 조절하지 못하고 격해졌을 때는 꼭, 깊은 숨을 들이마시자. 사람인지라 어쩔 수 없다. 이성을 찾아야 하는 것은 부모라는 것을 꼭 기억해두자. 부모는 조력자이자 가이드이다. 아이를 지켜줘야 할 의무가 있다. 감정에 휘둘리지 않도록 조심하자.

엄마의 말 습관을 통해 쌓인 논리는 아이의 성장에서 이론적으로 과학적 사고의 기반이 된다. 엄마로부터 배운 말 습관을 통해 아이는 기억한다. 그 모국어를 바탕으로 이중언어를 사용할 수 있게 되는 것이다. 모국어가 탄탄해야 영어를 잘할 수 있다. 부모는 자녀와 끊임없이 소통함으로 아이와 유대관계가 지속될 수 있다. 더불어, 아이와 대화할 때 사용하는 부모 단어의 사용과 내용들이 아이에게 희망을 주고 꿈과 비전을 갖게 해준다면 아이는 진취적으로 성장하게 될 것이다.

부모는 자녀와의 대화를 통해, 희망 메신저가 되어주어야 한다. 미래에 대한 부모의 긍정적인 태도를 보여주고, 아이가 그것에 대하여 긍정적으로 받아들이며 살아갈 수 있도록 열정과 용기를 줘야 한다.

# 07

/

## 엄마의 믿음이 엄마표 영어를 성공으로 이끈다

JTBC 방송 프로그램 중 〈다수의 수다〉에 일타 강사들이 나온다고 해서 챙겨보았다. 과연 그들은 어떻게 해서 그런 위치에 가게 되었을까? 공부를 잘하는 것과 가르치는 건 다른 것일까? 어떻게 하면 나의 자녀도 잘 안내할 수 있을까? 정말 궁금했다. 그들이 하나같이 공통으로 말하는 것이 있었다. 바로 독서였다. 어릴 때부터 쌓아온 독서의 양이 좌우한다는 것이다. 이 얘기를 듣자마자 배우 차태현은 이래서 연기라도 해야 한다며 책을 읽는 모습을 연기하였다. 나는 이것을 보며 최근에 구매한 학습 캘린더를 정말 잘 구매했다고 생각했다. 비록 시은이가 한글을 전부

읽지 못하여도 칭찬하는 페이지에 스티커를 붙여주는 곳은 정확하게 안다. 왜냐하면 책을 읽으면 그곳에 스티커를 붙여주기 때문이다. 책을 읽는 습관 하나는 꼭 길러주고 싶었다. 엄마표 영어 놀이를 시작한 이유도 그것이다. 영어는 언어이기 때문에 천천히 쌓이면 아웃풋으로 나오게 되어 있다. 그렇게 나와의 긴 시간 소통을 통해 나올 것이다. 영어 1등급을 받기 위해서 엄마표 영어를 시작한 것이 아니기 때문에 우리에게는 앞으로의 시간이 있었다. 목적은 오로지 책을 읽는 습관과 함께하는 시간 보내기였다. 나에게 소중한 딸. 두 번 다시 돌아오지 않는 유아기의 추억을 함께 나누고 싶었다. 내가 그렇게 원했던 추억, 엄마와 나누고 싶었던 추억을 내 딸과는 하고 싶었기 때문에 엄마표 영어 놀이를 시작한 것이었다.

나는 요즘 자라나는 아이들을 보면, 마음이 아프다. 과연 그들이 행복한 삶을 살아갈 수 있을까? 0세~3세 아이들은 어린이집 선생님들의 표정과 입 모양을 보고 언어를 배우는 기회를 놓쳐버렸다. 바로 코로나19 기간에 벌어진 일들 때문이다.

심지어 코로나19로 인하여 양치하는 습관마저 무너지는 현실이다. 점심시간에 양치 대신 자일리톨 사탕으로 대체하는 유치원들이 늘어나면서 자기 전에도 자일리톨 사탕을 찾는 아이들이 늘어나고 있다고 한다. 얼마나 많은 사회적인 이슈로 우리의 생활 방식들에 변화가 찾아올까?

그렇다면 언어의 한 부분인 영어 교육에도 변화가 올까?

엄마들과 아이들이 가지고 있는 큰 착각 중 하나가 바로 이것이다. 중학교 3학년 전에 수능 영어를 준비하는 것. 고등학교에 진학하면 많아진 과목들로 인해 그 전에 영어를 준비하여 실제 수능 준비에 필요한 에너지를 다른 과목에 쏟는다는 것인데, 이것은 잘못된 전략이라고 말해주고 싶다. 다시 말하지만, 언어는 계속 사용해야 하는 특수성이 있다. 사용하지 않으면 잊어버린다. 그래서 나 역시 사회생활을 하면서 계속해서 페이스북, 인스타그램을 통해 세계 여러 나라 친구들과 소통을 이어가고 있다. 사용하지 않으면 잊히는 것이 언어이고 그중 영어는 모국어가 아니므로 더 쉽게 잊힐 것이다.

가장 오랜 시간 동안 노출하고 많은 돈을 투자하였는데 결과가 기대치에 못 미쳤을 때, 그것에 대하여 자녀에게 책임을 안 물을 수 있는 부모가 있겠는가?

"골든타임이라고 말하는 그 시기부터 영어를 노출하였는데 너는 왜 이렇게 점수를 받아 왔니?"
"너는 이게 점수라고 받아온 거니?"
"이번뿐이야. 다음에는 절대 용납할 수 없어."

아이들의 사기를 저하하고 자존감을 낮추는 엄마들의 언어이다. 그렇게 강조하였던 엄마의 믿음은 어디 있는가. 엄마표 영어의 핵심은 바로 아웃풋! 소통 아닌가! 외국인 앞에서 당당하게 소통하는 우리 아이! 아이가 자랄수록 엄마들은 욕심 주머니가 생긴다. 리스닝, 스피킹, 독해, 라이팅 어디 하나 빠지지 않는 우리 아이의 실력으로 인해 시험 점수까지 당연히 높게 받기를 희망한다. 아이는 그 엄마의 바람을 그대로 이루어 드리고 싶어 하지만 신경 써야 할 과목이 갈수록 늘어난다. 그렇게 어린 시간부터 함께해왔던 영어는 점점 잊혀가고 다른 과목들로 채워지는 것이다. 엄마의 욕심 주머니가 하나씩 채워질 때마다 아이의 영어 인풋은 사라져간다.

학원 강사를 하다 보면 파닉스 레벨부터 상위 레벨까지 그리고 공인인증시험 반까지 정말 다양한 반을 맡게 된다. 덕분에 나도 공부를 더 할 수 있게 되는 계기가 되는 것이다. 중학생들이 모여 있다. 그런데 그 반이 공인인증시험 반이라고 하는 것이다. 속으로 마음이 너무 안 좋았다. 한창 뛰어놀고 컴퓨터 하며 놀 나이인데 이 시간 여기에 앉아서 이러고 있다니. 그 나이마다 할 수 있는 것이 있다. 과연 중학교 1학년 아이가 그 자리에 앉아 있고 싶었을까? 유학을 준비하는 학생들의 경우 공인인증 시험이 필수이기도 하다. 그래서였는지는 모르겠으나, 시험을 보는 방법만 익히면 된다고 생각하는 사람 중 하나이기 때문에 아이들이 정규반까지 들어야 할 필요는 없다고 생각했다. 실제로 자동차 운전면허 시험을 비교해보자. 필기와 실기가 있다. 문제집 한 권 풀고, 실기 점수를 잘 받으면 따는 것이 운전면허 아닌가? 그런데 그 운전면허는 우리의 목숨을 책임져주는 면허이다. 도대체 무엇이 더 중요한가? 나는 비교 자체가 안된다고 생각한다.

영어를 어떤 시험을 목표로 두고 공부를 시키는 것은 아니라고 생각한다. 즐기고 놀면서 하는 것이 언어 아닌가.

## 엄마의 믿음이 엄마표 영어를 성공으로 이끈다

어린 시절부터 아이들은 부모라는 프레임을 통해 보고 자란다. 지금 우리 아이들은 엄마를 보고 있으며 자라고 있다. 나는 엄마표 영어는 성장성 있고 가치가 있는 가치주라고 말하고 싶다. 자녀도 엄마도 무한하게 성장할 수 있다는 뜻이다. 우리만의 공간에서 다양한 놀이를 만들어낸다. 그 속에서 서로 간의 유대감을 형성한다. 모국어와 이중언어를 사용하면서 새로운 것들을 알아낸다. 엄마와 함께하는 소중한 시간을 통해 자녀는 많은 것을 얻게 된다. 배려, 사랑, 존중, 지혜 역할, 준비, 기다림, 정리 등의 가치관을 습득하게 된다. 이것들은 돈으로 살 수 없는 것들이다.

"영어든 불어든 일어든 외국어를 배워보라. 새로운 언어의 낭만과 경이감이 평소에 생각하지 못한 여러 가지 가능성을 자극할 것이다."라고 김완수 작가는 말했다. 시대가 변해서 나중에는 서로 다른 언어를 사용해도 기계 하나면 서로가 소통할 수 있다고 한다. 그래도, 그 시기가 설령 온다고 하더라도 인공지능 시대에도 사람과 사람 사이 공감하고 교감하고 소통하는 능력은 필수이며 이것은 어렸을 때 부모로부터 배울 수 있는 것이다.

놀이이다. 책 읽고 소통하고 함께 놀면서 알아가는 영어. 그렇게 시작하는 엄마표 영어.

여러분을 응원한다.